做有影响力的图书

墨菲定律

Murphy's Law

满江树 编著

中国出版集团 研究出版社

图书在版编目（CIP）数据

墨菲定律 / 满江树编著 . -- 北京 : 研究出版社，2018.5

ISBN 978-7-5199-0402-9

Ⅰ . ① 墨… Ⅱ . ① 满… Ⅲ . ① 成功心理 – 研究 Ⅳ . ① B848.4

中国版本图书馆 CIP 数据核字 (2018) 第 070880 号

出 品 人： 赵卜慧
责任编辑： 寇颖丹

墨菲定律
MOFEIDINGLU

作　　者： 满江树 编著
出版发行： 研究出版社
地　　址： 北京市朝阳区安定门外安华里 504 号 A 座（100011）
电　　话： 010-64217619　64217612（发行中心）
网　　址： www.yanjiuchubanshe.com
经　　销： 新华书店
印　　刷： 天津爱必喜印务有限公司
版　　次： 2018 年 5 月第 1 版　　2018 年 5 月第 1 次印刷
开　　本： 710 毫米 ×1000 毫米　1/16
印　　张： 16 印张
字　　数： 186 千字
书　　号： ISBN 978-7-5199-0402-9
定　　价： 39.80 元

序言

PREFAC

看电影时，最精彩的瞬间总是在你去上厕所时出现；

出门之前，越是祈祷不要碰见某人，偏偏就越是会遇到；

排队结账，排的队伍永远是动得最慢的，但只要一换排，原先排的这队立刻就动起来了；

在车站等公交车，怎么等都不来，刚把烟一点上，车立刻就来了；

今天刚洗完车，明天就能碰上下雨；

上车刚找到座位，下一站就会上来老人家……

生活似乎永远都这样，怕什么就来什么，想什么就没什么。为什么事情总会与我们的期望背道而驰？为什么总是存在这么多的事与愿违？为什么命运总喜欢捉弄我们，在最关键之际丢下致命一击？

尽管我们一直竭尽全力地在避免犯错，但错误却总能接踵而至，打我们个措手不及；尽管我们以为情况已经不会更糟糕，但事实上它却依旧可以变得更糟；尽管我们不断安慰自己，幸运女神总会眷顾一次，但事实上好运气却依旧不曾与我们为伍……

终于有一天，一个名叫爱德华·墨菲的人告诉我们：如果有两种或两种以上的方式去做某件事情，而其中一种选择方式将导致灾难，则必定有人会做出这种选择。

这话听上去可实在不怎么美妙，然而，无数的事实却都争先恐后地在向人们证明：在生活中，如果事情有变坏的可能，那么不管这种可能性有多小，它都总会发生。

于是，这句听上去如此不美妙的话，摇身一变，成为了二十世纪西方文化最伟大的发现之一，心理学家们将其称为“墨菲定律”，也有不少人诙谐地将它称为“倒霉定律”。毕竟，它毫不留情，同时也不容反驳地向我们揭露了一个现实：“倒霉”绝对是生活的常态之一。

没人喜欢墨菲定律，它就像一个调皮捣蛋的幽灵，潜伏在我们周围，不时跳出来捉弄一下我们，再狠狠将我们心中涌上的侥幸全部敲碎。它总是不厌其烦地在提醒着我们，永远不要盲目乐观，更不要狂妄自大，因为它一直都在虎视眈眈地盯着我们。

这就是墨菲定律，残酷却真实。

它不是悲观者的宣言，而是睿智者的警示。它向我们揭示了生活最真实也最残酷的一面，同时也不断地提醒着我们，学会小心谨慎，学会努力生活，学会放下侥幸——它在我们耳旁警钟长鸣，带我们抓住了人生与命运的真相，教我们学会了如何更好地生活与工作。

目 录

CONTENTS

墨菲定律告诉你：人生与命运的真相是怎么回事？

墨菲定律告诉你：成功的事业缘何从未青睐于你？

墨菲定律告诉你：是什么造就了你今天的生活？

上篇

墨菲定律告诉你：

人生与命运的真相是怎么回事？

Murphy's law

第一章

chapter 1

生活总是这么倒霉，糟心的不只有你

墨菲定律：如果还能更倒霉，那么你一定会的

1949 年的时候，美国爱德华兹空军基地的上尉工程师爱德华·墨菲和他的上司斯塔普少校一起，参加了由美国空军进行的 MX981 火箭减速超重实验，该实验主要研究的是关于人类对加速度的承受极限。

在实验过程中，其中一个项目需要在受试者上方的支架上安装 16 个火箭加速度计，以便研究人员记录实验过程中受试者对加速度的承受能力数据。对于研究人员来说，这本该是一件非常驾轻就熟的事情，但不可思议的是，居然有人将 16 个加速度计全都装在了错误的位置，导致实验结束之后未能获得数据！

这实在是太令人惊诧了，面对这一结果，墨菲上尉感到非常无奈，他表示自己在设计传感器的时候并没有想到会有人将线接反，这是他的失误。对此，墨菲上尉自嘲道："如果一件事情有可能被人以错误的方式处理，那么一定会有人犯下这样的错误的。"

后来，墨菲上尉的这句自嘲成为20世纪最著名的心理学定律之一，心理学家们将其称为“墨菲定律”。

如果一件事有出错的可能，那么无论这种可能性有多小，它都会发生——这正是墨菲定律的主要内容。听上去似乎非常悲观，但事实上，在现实生活中，我们确实对此感受颇深。比如，晚上睡觉时我们可能会忘记锁门，那么无论平时我们多么谨慎，某天夜晚，这件事情偏偏就发生了；我们在挤公交车时可能会不小心把鞋挤掉，那么只要存在这样的可能性，某一天这种倒霉事就一定会降临；高跟鞋一不小心可能会折断，那么某一次，或许就在众目睽睽之下，我们就会碰到这种糟心事儿……总而言之，生活就是这样，只要有可能变得倒霉，那么我们似乎就一定会倒霉。

2014年12月28日，印度尼西亚亚洲航空公司的一架空客A320型客机在从泗水飞往新加坡的途中不幸坠毁，机上162人全部罹难。在这起悲剧发生之后，有关人员通过严密调查，发现当时飞机的FAC（飞行增稳计算机系统）有一个焊点有接触不良的情况，而这个故障实际上并不是近期才出现的，从大约一年前开始，这一故障就已经出现了23次之多，每次都是机长到副驾驶座后方将FAC开关手动拨开的。因为这并不是什么大问题，只要机长手动拨一下开关就能解决，因此一直没有引起大家的重视。

在事故发生之前，机长和之前一样，离开座位去拨FAC的跳开关，飞机则交给了副驾驶进行操作。但没想到的是，此时飞机的FAC正处于一个临界状态，机长拔掉开关之后，飞机迅速爬升，而以副机长的能力，是根本无法应对这种情况的，结果导致飞机进入失速状态，最终造成了空难。

本以为只是个不起眼的小问题，可谁又能想到，最终会造成这样惨烈的后果呢？此次空难，让许多航空公司高度重视，除了进一步增强飞机安全监测流程之外，还加强了飞行员的训练科目，以保证每一位飞行员都有足够的能力去应对飞机突然失速的意外状况。

事实上，很多的错误与失败之所以会发生，归根结底都是因为人们心中抱持着一种侥幸心理，总觉得许多小问题、小错误微不足道，认为它们不会对自己造成任何影响，甚至自动忽略了许多可预见的潜在威胁。殊不知，生活偏偏就是这么倒霉，只要还能更倒霉，那么请相信，你一定会的。

墨菲定律所阐述的并非是错误概率问题，它所侧重的，是一种存在于偶然中的必然性，对我们的生活有着非常广泛的应用意义。在墨菲定律诞生的 20 世纪中叶，人们正沉浸于经济的飞速发展与科技的不断进步中，沉浸于成为世界主宰的沾沾自喜中。那时候，处处都弥漫着乐观主义精神，人类在各个研究领域也都取得了非常大的进步与发展——我们几乎无所不能！在这样的一种情况之下，墨菲定律的提出无异于给人们敲响了一记警钟：即便技术在日臻完美，人也永远避免不了出错。

是的，不管任何事情，只要有人参与，就会有犯错的时候；不管任何时候，只要有倒霉的可能，就总会有倒霉的时候。

中国有句俗话：“不怕一万，就怕万一。”没有任何人能躲得开这个“万一”，所以，不管做任何事情，都不要存在侥幸心理，心中时时存放着一个“万一”，刻刻警惕着一个“倒霉”，这样才能真正避免失误，绕开陷阱，最终取得辉煌的成功。

蜕皮效应：每天都活在博弈中

“蜕皮效应”是由美国作家迪斯所提出的一个著名心理学效应，迪斯指出：每个人都会给自己划定一个安全区，但如果你希望能突破或超越现有的成就，那么你就必须打破这个安全区，不要画地自限。只有不断地去接受挑战，我们才能不断地超越自己，变得比昨天更优秀。

我们知道，在自然界中，昆虫纲和甲壳纲的节肢动物和线形动物，它们的体表都覆盖着一层坚硬的壳，能够保护他们柔软的身体不受侵害。但同时，这种坚硬的壳也限制了身体的生长和发育。因此，这些昆虫纲和甲壳纲动物在生长和发育的过程中，需要经历一次甚至数次的蜕皮，每一次蜕皮过后，它们都会比从前更长大一些，直至成长为成虫。

昆虫为了成长需要蜕皮，而我们为了成长又何尝不是如此呢？在日常生活中，我们其实也无时无刻不在经历着“蜕皮现象”。随着年龄的增长，除了身体的发育和成熟之外，我们的思维和想法也在不断变化，对社会中许多问题的思考也会变得更加成熟，这就是我们的“蜕皮”。任何人的一生都是如此，都要经历无数次的“蜕皮”，才能真正走向成熟，成为一个有担当的人。如果总是停滞不前，不肯打破固有的安全区，那么我们也就无法获得成长，只能一直处于“幼稚阶段”。

看过著名的奥斯卡获奖影片《阿甘正传》吗？电影的男主角阿甘是个智商只有 75 的智障人士，在母亲的关怀和鼓励下，不聪明的阿甘很早就克服了自卑的阴影。他不聪明，也不机智，当面对周遭同学的欺侮时，他只学会了用一种方法去应对，那就是——跑！

阿甘一直在奔跑，无论遇到什么样的事情，都始终在执着地奔跑着。他跑进了学校的橄榄球场，用速度征服了教练，把自己送进了大学，并最终成为大学的橄榄球巨星，甚至受到了肯尼迪总统的接见。

痛苦时，他在努力奔跑；困惑时，他仍旧在努力奔跑。不聪明的阿甘想不到更好的方法来宣泄内心的痛苦，也想不到更有效的方法去解决眼前的困境，他只是一直在执着地奔跑着，然而也正是这种执着的奔跑，让他不断前进，不断蜕变，最终创造了属于自己的人生奇迹。

生活就像一场竞赛，我们每天都活在博弈之中。只有敢于不断挑战自我，突破自我的人，才能不断进步，让自己活得越来越好，越来越优秀。而如果从一开始，你就已经给自己划定了区域，设定了界限，那么你的人生也便只能这样了。

在每个人的内心深处，都会给自己设置一个“舒适区”。在这个“舒适区”里，我们会觉得一切都很安全，一切都有保障，这种感觉是非常奇妙，让人难以割舍的，就像是昆虫的硬壳一样，只要乖乖龟缩在其中，仿佛就能逃开一切的风雨和伤害。但与此同时，这个“舒适区”也像昆虫的硬壳一样，在保护我们的同时，也在限制着我们的成长，让我们在不知不觉中画地为牢，止步不前。然而，我们止步，社会却是在不断前进的，一旦无法赶上社会的步伐，我们将会成为被时代淘汰和抛弃的失败者。

一位教授曾给自己的学生做过这样一个实验：

他将一些石头塞满广口瓶，然后问他的学生们：“现在瓶子装满了吗？”学生们回答说：“满了。”

然后他又拿出一些沙子，轻松地将沙子倒进广口瓶，沙子缓缓填入了石头的缝隙中间。他再次问学生们：“现在瓶子装满了吗？”看着严丝合缝的瓶子，学生们毫不犹豫地回答道：“满了。”

接着这位教授又拿出一瓶水，缓缓将水倒进广口瓶……

很多时候，你其实并不清楚，自己的极限在哪里，自己究竟还能做多少事情。但如果从一开始，就已经划定了那条界限，从一开始，你就已经认定自己被“装满”，不肯接受、容纳更多的东西，那么你自然不可能再获得任何的进步与成长。

每个今天都是一场新的博弈，每次困难都是一场宝贵的试炼。人将生于忧患却会死于安乐，只有那些敢于逃离舒适区，为了成长而不断“蜕皮”的勇者，才能成为生活最后的赢家。请记住，你永远比你所认为的更优秀，你所能做的事情也远比你所以为的要多得多，真正阻碍你进步的，不是智商、不是能力、不是环境，而是你自己。只有超越了自己，打破对自己的限制，你才能真正超越别人，在生活的博弈中不断“蜕皮”，不断成长。

狄德罗效应：无欲则刚，痛苦有时只是因为欲望太多

丹尼斯·狄德罗是18世纪法国著名的哲学家，还是当时法国《百科全书》的共同创始人兼主编。

狄德罗一直很贫穷，在他52岁的时候，他的女儿要出嫁，但他却没有能力给女儿准备嫁妆。俄国的凯瑟琳大帝在听说这个消息之后，便用1000英镑买下了狄德罗所有的藏书，解决了他的财务困境。

就在狄德罗获得这笔幸运的交易后不久，他的一位朋友送了他

一件非常精美的睡袍，而接下来，所有的事情开始变得一团糟。

狄德罗非常喜欢这件精美华贵的睡袍，总是穿着它在家里走来走去，他开始觉得，家中那些破旧不堪的家具实在和这件睡袍格格不入，还有那块铺了许久的地毯，针脚也实在太粗了！

于是，为了配得上这件做工考究的睡袍，狄德罗花大价钱购置了新的家具，铺上了精美的新地毯，还添置了不少精美的雕塑摆件来装饰自己的家……当他终于将自己的家改造得与这条睡袍相配之后，狄德罗却感觉浑身都不舒服，在一时的冲动过后，他猛然发现，自己居然“被一条睡袍胁迫了”。

后来，狄德罗将他的这场经历写成了一篇文章，名为《与旧睡袍别离之后的烦恼》。

200 年后，美国哈佛大学的经济学家朱丽叶·施罗尔在《过度消费的美国人》一书中提及了这篇文章，并因此而提出了一个新的概念——“狄德罗效应”，也称为“配套效应”，专指人们在拥有了一件东西之后，总会忍不住不断地继续添置与其相适应的东西，以达到心理平衡的一种现象。

在生活中，狄德罗效应几乎无处不在。为了填满欲望的深渊，人们总是陷入在无止境的追求与痛苦之中。今天想要一件新的上衣，明天就想配一条新的裤子，后天就开始渴望一双新的鞋子……欲望总是这样无穷无尽，得到的越多，想要的也就越多。

无论在生活中，还是在职场上，每个人都可能就这样陷入狄德罗效应的陷阱，成为欲望的傀儡，在不断的追求和不满足中越来越痛苦。很多时候，我们的不幸福其实并不是因为拥有的太少，而是想要的太多。

人们之所以容易落入狄德罗效应的陷阱，归根结底是没有意识到，其实自己所渴望的很多东西对于自己的生活而言是没有任何用处的。就像穿上了华美睡袍的狄德罗一样，当他真正拥有了他所渴望的崭新的家具、漂亮的地毯时，才猛然惊觉，这些东西实际上并不是他真正所喜欢的。真正驱使他不停追求的，并非内心真正的渴望，而是已经开始膨胀的欲望。

苏格拉底是古希腊著名的大哲学家，有一次，他带着几个学生去到了雅典最热闹的集市。把集市逛了一圈后，苏格拉底问他的学生们说："刚才我们在集市逛了许久，你们都找到了些什么？"

学生们争先恐后地回答："集市的东西实在太丰富了，好吃的、好看的、好玩的，应有尽有。衣、食、住、行，各个方面的新鲜玩意儿数都数不过来。要不是老师您要讲课，我们现在早已经忍不住买了一大车的东西了！"

听了学生们的回答，苏格拉底淡然地说道："我与你们不同，逛完集市后我才发现，原来这个世界上竟然有那么多我根本用不到的东西。"

学生们面面相觑，似有所悟。苏格拉底又接着说道："当我们开始为奢侈的生活而奔波劳碌时，幸福其实已经离我们越来越远了。所谓的幸福其实很简单，就好比是最理想的房间——需要的东西一个不少，没用的东西一件不多。"

在我们的生活中，总是有着太多的欲望无处安放，因为求而不得，所以我们总是被痛苦、烦闷、不满足等负面情绪所折磨。但停下来好好想想，那些我们求而不得的东西，真的是我们想要并且需要的吗？如果真的能够得到这些东西，我们就真的会感到幸福和满足吗？其实答案每个人都很清楚。

人的欲望总是无穷无尽的，找到一份体面的工作后，便希望能有一个贴心的爱人；找到一个贴心的爱人后，便希望能有一个懂事的孩子；拥有一个懂事的孩子后，便希望能住进一所豪华的寓所……哪怕这一切都实现了，许多人依旧不会满足，因为世上总有比你拥有得更多的人，总有比你更优秀的人。

生活需要简单来沉淀，知足才能常乐，无休止的欲望只会将我们推入深渊，万劫不复。现代人之所以活得累，就是因为内心的欲望太多，背负在身上的重担太重，以至于心灵被禁锢在了沉重的欲望枷锁之下。无欲则刚，很多时候，我们的不满足其实不过是想要的东西实在太多。学会放弃，才能抓住幸福，懂得取舍，才能遏制欲望。

多米诺骨牌效应：“高塔”是被“一根手指”摧毁的

提到“多米诺骨牌效应”，还得从宋朝开始说起。

在公元 1120 年，即宋宣宗二年的时候，中国民间兴起了一种名为“骨牌”的游戏，这种游戏在宋高宗时期传到了宫里，随后迅速风靡全国。最初的骨牌多是由畜牧动物的牙骨制成的，玩法也很简单，就是将骨牌排列起来，然后比赛谁推倒得更多、更远。

1849 年的时候，一位来自意大利的传教士多米诺将这种骨牌带回了自己的国家，并作为礼物送给了自己的小女儿。多米诺对骨牌非常有兴趣，为了能够将这种游戏推广开，他用木头仿造骨牌，制造出了很多木制牌，并且发明出了更多的玩法。在多米诺的推动下，这个游戏很快就在意大利乃至整个欧洲流行开来，成为欧洲人一项非常高雅的娱乐活动。

因为骨牌游戏是由多米诺带回并且推广开的，所以人们为了感谢他，便将这种骨牌游戏命名为“多米诺骨牌”。

起初，多米诺骨牌的玩法还仅仅只是单线，后来人们开始用它组成一些文字或图案，再后来，加入高科技成果之后，多米诺骨牌动力的传递有了更多的形式，甚至还加入了声、光、电效果的配合，艺术性也大大增强了。

此后，“多米诺”甚至成为一种流行用语：在一个相互联系的系统中，只需要给出一个很小的初始能量，就能产生出一连串的连锁反应。这就是我们所说的“多米诺骨牌效应”，也称为“多米诺效应”。

多米诺骨牌效应所引发的连锁反应究竟能产生多大的威力？这个问题一直到 1983 年才有人进行了研究，而结论是极其惊人的。

这位聪明的研究者名叫罗恩·怀特海，是大不列颠哥伦比亚大学的一位物理学家，他在《美国物理学》杂志上发表了一篇文章，名为《多米诺链式反应》。在文中，怀特海指出，多米诺骨牌效应不仅仅只是一块牌推倒数块牌那样简单，甚至能够以小牌来推倒大牌。怀特海对这一连锁反应的能量级递增进行了计算，发现一块多米诺骨牌完全能够推倒与之相邻的另一块尺寸足足比它大了 1.5 倍的骨牌。也就是说，按照这一理论，当我们推倒第一张牌，触发多米诺骨牌效应的连锁反应之后，波及第 13 张牌时，它倒下所释放的总能量将比第一张牌扩大 20 多亿倍！

这确实有些匪夷所思，但事实就是如此，很多时候，摧毁“高塔”的，实际上只不过是一根“手指”。就像谁会想到，一个曾经卖口香糖和汽水的小男孩，将来会成为创造几千亿美元财富的企业家。然而事实上，他做到了，他从卖口香糖、汽水，到后来卖报纸、花生、爆米花，再后来卖二手网球和高尔夫球，此后他买了小农场，经营子弹机，上了大学，交了朋友，开了属于自己的公司——这一系列的事件摞在一起，层层推进，启动了他人生中的多米诺骨牌效应，并最终让他创造了财富的奇迹。他的名字叫作巴菲特。

而谁又能想到，一个曾考了两次大学的年轻人，日后会拥有震撼世界的成就。那时候的他，还不曾戴上“天才”的光环，但他对科学充满了热忱，他研读大师的著作，然后不断地写文章。大学毕业之后，他成为专利局的一名小职员，但他对物理学的热情从未减弱，仍旧刻苦钻研——1905 年，他发表了五篇文章，而在 100 年之后，因为他的那五篇文章，那一年被人们虔诚地称为“物理奇迹年”。他的名字叫作爱因斯坦。

人生就是一个事件序列，有的多米诺骨牌已经摆好位置，有的则需要你自己去摆放。但不管你是主动还是被动，你的每一个决定，每一个选择，实际上都在启动、触发你人生的多米诺骨牌，只不过方向不同，效果也有所不同罢了。

很多时候，一个人能够取得的成果与他的才能和能力是没有必然联系的。管理学大师彼得·德鲁克就曾说过：“一个普通人，他可以掌握实践能力，但或许并不会很杰出。一个人想要杰出就必须拥有一些特别的才能。但如果只是想要取得成果，那么只需拥有一般的能力就已经足够了。”

加里·科恩曾是一位窗框销售员，某天他请了假后跑到纽约华尔街，“偶然”地认识了一个大公司的职员，并“恰巧”与他同路乘坐出租车。后来，科恩在这个职员的牵线搭桥下成为一名期权交易员，并最终一步步登上了高盛主席的位置。

在科恩的职业成就中，那位职员未必给过他多大的帮助，但他却是科恩职业生涯一个重要的转折点，就像科恩的第一张多米诺骨牌一样。对于科恩来说，他是谁或者他有多厉害等等并不重要，即便不是他，科恩也会认识另外一个人。关键在于，这个契机触发了科恩职业生涯的“多米诺”连锁反应。

很多时候，“高塔”之所以会坍塌，最初可能仅仅只是因为“一根手指”施加的力量而已。决策和选择所带来的影响，往往要比努力和付出大得多。而任何一个你或许根本不曾放在心里的细节，最终都可能成为触发一场多米诺效应的第一张骨牌。所以，不要忽视任何一个细节，更不要轻易做出任何一个抉择。

习得性无助：痛苦与失败的根源就是你自己

1967 年，美国心理学家马丁·赛里格曼在研究动物的时候提出了这样一个概念——习得性无助。

一开始，赛里格曼将狗关在笼子里，并放置了一个蜂音器。只要蜂音器一响起，赛里格曼就对狗进行电击，强度不至于让狗失去性命，但绝对是难以忍受的。每次狗都会被电击地躺在地上抽搐，大小便失禁。

经过反复数次的折磨之后，赛里格曼决定更改一下实验流程：每当蜂音器响起后，赛里格曼不再直接电击狗，而是先把笼子的门打开。有趣的是，这个时候的狗，即便在看到门开之后，也丝毫没有逃跑的打算。甚至电击还没开始，它就已经自己先倒在地上呻吟颤抖了。

为什么会发生这样的情况？那是因为，这些狗在经历反复的折磨之后，已经知道任何反抗都是无用的了。换言之，它们已经陷入无助与绝望的情绪之中，哪怕前方就是出口，它们也不会再往前走一步了。

1975 年，赛里格曼以人为对象再次进行了行为测试，结果发现，和动物一样，人同样会产生习得性无助。参加赛里格曼实验的是一些大学生，赛里格曼把这些大学生分成了三个小组：他让第一组的学生听一种噪声，不管他们如何反抗都不能使噪声停止；第二组的学生同样也听了这种噪声，但只要付出努力，通过某些特定的方式，他们可以让噪声停止；第三组的学生是对照组，不需要听任何噪声。

在这组实验结束后，赛里格曼迅速启动了另一组实验：他拿出一个装置，这个装置是一个“手指穿梭箱”，穿梭箱上有两个孔，当你的手指从一侧的孔穿过时，箱子就会发出一种非常强烈的噪声，但如果你将手指换到另一侧，那么噪声就会停止。

赛里格曼将穿梭箱交给这些受试者，结果发现，第二组和第三组的受试者们很快就发现了阻止穿梭箱发出噪声的方法。而第一组的受试者们在穿梭箱发出强烈噪声之后，依然无动于衷，任由它不停地响下去，却根本没想过将手指移到箱子的另一侧。

比起肉体受到的伤害来说，精神被摧毁才是真正可怕的失败。就像那些陷入习得性无助的人一样，明明有机会逃离伤害，却因为之前无数次的绝望体验而自动放弃了眼前的希望，宁愿默默承受痛苦，也不肯再勇敢地向前一步。

在现实生活中，这样的例子其实并不少见。比如，一个人在做某项工作时一直遭遇失败，那么他很可能会因此而直接放弃努力，甚至对自己产生怀疑，觉得自己愚蠢无用，无可救药。而事实上，他的能力未必就真的无法胜任这份工作，他的失败、逃避和破罐子破摔，不过是因为陷入了习得性无助的心理状态之中。而当他自己都已经放弃了继续尝试，失去了对自己的信心，又怎么可能再有任何的突破与成功呢？

科尔曼·米契尔是美国海军陆战队的一名退役军官，在一次飞行事故中，米契尔身受重伤，体表65%的皮肤都被严重烧伤。虽然捡回了一条命，但此时的他却如同废人一般，无法拿起刀叉，无法拨打电话，甚至连自己一个人上厕所都做不到。

经过十六次难挨的手术之后，米契尔总算挺过去了，他用获得的保险赔偿金买下一栋房子，并努力地进行康复训练。幸运的是，在六个月之后，坚强的他完全康复，并且又能够继续开飞机了。

之后，米契尔与朋友合开了一家公司，做得有声有色，他拥有了属于自己的私人飞机，并且得以再次翱翔天际。然而，没想到的是，就在四年之后，米契尔却再一次遭遇了飞机事故，这一次，他胸部的十二块脊椎骨都被压得粉碎，从此他只能坐在轮椅上度过余生。

米契尔绝望极了，他开始控诉命运的残酷和不公。经历一段时间的萎靡之后，米契尔突然意识到，自己的人生不能就这样度过，他告诉自己："我完全有能力掌控自己的人生，这不过是一个全新的起点，只要我愿意，我一定可以挺过去的！"

虽然瘫痪已成定局，但米契尔并未因此而放弃自己，经过数年的努力，他成为科罗拉多州孤峰顶镇的镇长，并一直致力于控制矿产的开采，保护小镇的环境。后来，他甚至还参选了国会议员。

在一次公开演讲中，米契尔这样说道："在瘫痪之前，我或许可以做一万件事，而现在，我只能做九千件了。我可以选择，是把自己的目光放在能够做的九千件事上，还是那不能做的一千件事上。大家都知道，我曾遭遇过两次非常重大的挫折，但我始终认为，这些都不该成为我放弃努力的借口。我想你们也一样，可以试着从一个新的角度去看待那些曾让你们裹足不前的经历。退一步，想开一些，或许你就会发现，那些事情，也没什么大不了的。”

人生不如意之事，十之八九。这一生中，我们每个人都会遭遇到无数的挫折和伤害，都会无数次在希望与绝望的旋涡中沉浮。但不管怎么样，都应该记住一点，真正能够打败我们的，从来不是挫折与痛苦，而是我们自己。

习得性无助是我们的大脑在面对绝境时为了实现自我保护而做出的一种妥协，然而，妥协往往也意味着认输。如果不想输，不想就此被打上失败者的烙印，我们就必须学会从绝望中站起来，走出这片“习得性无助”的心理舒适区。打破壁垒，才能迎来希望；踏出阴影，才能收获阳光。

第二章

chapter 2

人性的弱点：为什么我们总是容易犯错？

晕轮效应："光环"遮挡下的以偏概全

晕轮效应又称为光环效应，最早是由美国著名的心理学家爱德华·桑戴克提出的。桑戴克认为，人们在认知他人的时候，往往很容易只从局部出发，通过扩散而"推导"出整体的印象，因此非常容易出现以偏概全的情况。

比如，当一个人被大多数人贴上"好"的标签时，那么他就会被一种积极肯定的光环所笼罩，人们在认识他的时候，也会不自觉地赋予他许多好的品质；相应地，如果一个人被大多数人都贴上了"坏"的标签，那么他就会被一种消极否定的光环所笼罩，这样一来，人们在认识他的时候，便会不自觉地将许多坏品质加在他的头上。这就好像月亮周围出现的月晕一样，不断向周围弥漫、扩散，以至于将一些真切的东西都掩盖了起来，但事实上，月晕也不过只是月亮光辉的扩大化罢了。

针对晕轮效应，心理学家戴恩做过这样一个实验：

戴恩找来一些受试者，向他们展示了一些人物照片，这些照片上的人有的魅力十足、英俊潇洒；有的长相平凡，毫不起眼；有的毫无魅力，甚至可能让人生厌。在展示完照片之后，戴恩让这些受试者们尝试对照片上的人物进行一些推测和描述。结果发现，对于那些魅力十足的人，受试者们在推测和描述时，总会不自觉地赋予他许多理想的人格特征，如聪明、温柔、友好、善于交际等。

美国心理学家凯利也做过一个类似的实验。他在麻省理工学院给两个班级的学生授课，在上课之前，他向学生们宣布，将会有一位研究生来临时代课，并且向大家介绍了一些与这位研究生有关的情况。

凯利在向第一个班级的学生介绍这位研究生的时候，用了这样一些形容词：热情、勤奋、务实、果断。而在向另一个班级的学生介绍时，则将“热情”替换成了“冷漠”，除此之外的其他形容词不变。当然，对于这一情况学生们并不知情。

有趣的是，凯利发现，在经过一堂课之后，第一个班级的学生们已经和这位代课的研究生建立了非常亲密的关系，双方亲切友好地攀谈着；而另一个班级的学生们却对他敬而远之，保持着一个相对安全的距离，双方之间的氛围显得甚为冷淡。

可见，哪怕仅仅只是一词之差，也会影响到整体的印象。早在与这位研究生正式接触之前，学生们就已经通过凯利教授的介绍而对这位研究生做出了评判，这种先入为主的评判很大程度上左右了学生们对他的整体印象。学生们从一开始就已经戴上了有色眼镜去观察这位研究生，所以这位研究生自然就被笼罩上了各种不同色彩的“光环”，以至于在认识他的过程中，学生们反而很难真切客观地认识他这个人，因为一切的优缺点都早已被夸大的光环掩盖住了。

俗话说“情人眼里出西施”，其实也是晕轮效应的一种体现。陷入热恋中的男女，因为被对方身上的某一优点所吸引而坠入爱河，此时，这一优点就如同“光环”一样，掩盖住了其他的特质，而受到晕轮效应影响的男女，便会产生一种错觉，觉得对方身上全是优点。而随着热情的冷却和理智的回归，他们可能会在某一天猛然惊觉，一直以来的那个“完美伴侣”似乎和想象中并非完全一样。

生活中的晕轮效应，最典型的一种体现就是名人效应。许多产品为了提升销量，都会邀请一些家喻户晓的大明星来做代言，打广告。而这些明星的粉丝们也往往会因为对偶像的喜爱和信任而去购买他们所代言或推荐的商品。这种爱屋及乌的行为就是非常典型的晕轮效应的一种表现。

那么，我们到底该如何去克服晕轮效应，避免以偏概全地认知人或事呢?

首先，要做到客观公正，懂得将自己的喜好厌恶情绪摆到一边，更不要轻易把自己的某些观念或心理特征强加给他人。

其次，不管是对人还是对事，在形成第一印象之前，一定要冷静、客观地进行判断，不要被流言所影响，要学会用自己的双眼去看，用自己的头脑去思考，形成自己的意见。

再次，千万不要以貌取人，你可以被一个人的外貌所吸引，但绝不能因为这个人的外貌，就轻易对他的内在做出判断。

最后，不管是对人还是对事，在切实接触之前，不要轻易进行任何的预想和判断。要知道，你所接收到的来自别人的信息，往往都带有别人的感情倾向，这些信息本身就不具备客观性，若再根据这些信息做出预判，那么可想而知，偏差自然也就会越来越大。

俗话说“路遥知马力，日久见人心”，想要客观、公正地去认识、了解一个人，必须要经过全方位的观察和长期的相处，不能随便听别人说就轻易下结论，这样才能尽可能地避免以偏概全，克服晕轮效应对我们的影响。

罗伯特定理：放弃什么也不能放弃希望

罗伯特定理是美国历史学家卡维特·罗伯特所提出的一条伟大定理，它的具体内容是："没有任何人会因一时的倒下或沮丧而失败，真正致使他们失败的，是一直倒下或消极。"罗伯特认为，一个人，只要自己不将自己打倒，那么就永远不会有任何人能够打倒你。

人活这一辈子，不可能永远都顺顺利利，无风无浪，总会有遭遇失败与挫折，甚至陷入绝境的时候。在这种时候，你会怎么做呢？是自暴自弃，听之任之？还是心存希望，坚持抗争？美国作家欧·亨利的小说《最后一片叶子》或许能给我们一些启示。

《最后一片叶子》讲述了这样一个故事：

在一间医院的病房里，住着一位生命垂危的病人。从病房的窗口望出去，正好能看到一棵大树，这个病人每天就静静地靠在病床上，看着窗外的大树，感受着生命的倒计时。

很快，秋天来了，天气越来越冷，原本绿意盎然的树叶也开始变成枯黄的颜色，一片片在风中掉落下来。看着眼前落叶萧萧的景象，病人的心里也一片荒芜，他想：等到树叶全部落光的时候，我也就要死了吧！

随着树上的叶子越来越少，病人的身体也每况愈下，一日不如一日。

很快，光秃秃的树干上就只剩下一片叶子了，颤颤巍巍地挂在寒风中，随时可能被吹落。病人每天都死死盯着那片叶子，等待着死亡的降临。

一个夜晚，外面突然狂风大作，病人心里非常绝望，他想，那片叶子一定早就被风吹掉了吧……可令人意外的是，第二天一大早，他从窗外望出去，竟看到光秃秃的树枝上，依然有一片叶脉青翠的树叶挺立在阳光中。那一刻，病人死寂的心中突然生出了一种奇妙的触动。那最后的一片叶子最终也没有掉落下来，而因为这片小小的绿，原本早已绝望的病人竟挺过来了，奇迹般地存活了下来。

原来，那片顽强的绿叶，是一位曾与这位病人同住一个病房的老画家画上去的。这位老画家知道了病人的故事，于是用自己的画笔，为他的人生画上了一抹绿色的希望，也正是这抹希望，为病人缔造了生命的奇迹！

人这一生，什么都可以没有，但唯独不能没有希望。希望是生命之火，是灵魂之光，人有了希望，就有了信心和勇气，生命就能生生不息。就像这位病人，病痛的折磨曾让他陷入绝望，甚至险些放弃了自己，他的生命也因放弃而在加速流逝。但枝头的那一抹绿却重新给了他勇气，让他死寂的心重新被希望之光笼罩，最终战胜了病魔。明明是同一具躯壳，明明是同一场病痛，绝望与希望带来的却是全然不同的结果，一个是死亡，一个是奇迹！

你或许听说过依文斯工业公司，在美国华尔街的股票市场交易所，这是一家保持了长久生命力的公司。该公司的创始人名叫爱德华·依文斯，他是个非常优秀的人。依文斯出生于一个十分贫穷的家庭，年纪很小的时候就开始靠卖报来赚钱，补贴家用，后来又在一家杂货铺里当店员。

能够从一个一穷二白的小年轻，最终成为依文斯工业公司的董事长，可想而知，依文斯该是一个多么优秀的年轻人。但想必很多人都不知道，这个优秀的年轻人也曾因深陷绝望而差点儿选择自杀。

那是依文斯刚鼓起勇气开始创业时候的事情了。那时他的事业才刚刚起步，可没想到厄运也随之降临——他的一位朋友不幸破产了，更不幸的是，依文斯替这个朋友背负了一张巨额支票。而最不幸的是，就在那个时候，存着依文斯全部财产的银行突然倒闭了。一系列的打击接踵而至，依文斯甚至还没有反应过来，他就已经失去了自己的所有财产，并沦为一个负债 16 万美元的一穷二白的家伙。

从那之后，依文斯就病了，整个人都浑浑噩噩，甚至数次想到了自杀。有一天，依文斯正走在路上，只觉得眼前一黑就昏了过去，醒来之后，他发现自己的腿不能动了，医生告诉他，他已经病入膏肓，只剩下最后两个礼拜的生命。

听到这个消息之后，依文斯心中大为震动，直到这一刻，他才突然意识到，生命是如此宝贵，其他任何东西都不可能比生命更重要了！想通这一点之后，依文斯突然觉得整个人都轻松了起来，一直压在心头的痛苦与绝望仿佛也突然之间就散开了一般，他决定，要好好把握自己剩下的生命，过完最后的日子。令人惊奇的是，两个礼拜之后，依文斯不仅没有死，身体还越来越好了。六个礼拜之后，他完全恢复了健康，并且又能继续工作了。

这场生死考验让依文斯深有感触，他突然明白，无论遭遇了什么，患得患失或痛苦不已都是毫无作用的，我们真正应该做的，是把握现在，心存希望，努力做自己所能做的事情。摆正了心态之后，依文斯又再次充满干劲地投入了工作，而他的公司也飞速发展起来，仅仅几年的时间，他就已经成了大名鼎鼎的依文斯工业公司的董事长。

人这一生，什么都可以失去，但绝不能失去希望。只要拥有希望，哪怕跌落万丈深渊，也总有能够爬出来的一天，就如罗伯特所说的那样，只要你不打倒自己，那么就没有人能够打倒你！

镜像效应：你所认识的自己，是真实的自己吗？

镜像效应源自于 1902 年美国社会学家查尔斯·霍顿·库利所提出的“镜中我”理论，该理论认为：“一个人的自我观念是在与他人交往的过程中形成的，因为一个人对自己的认识，是基于他人对自己看法的一种反映，他对自我的感觉，是经由他人的思想以及他人对自己的态度所形成的。”

在《人类本性与社会秩序》一书中，库利做了一个非常形象的比喻：“每个人都是别人的镜子，反映着另一个过路者的形象。”

简单来说，别人对我们的态度就好像是一面镜子一般，而我们就是通过这面镜子中照出的影像来认识自己的，这就像我们可以通过照镜子来看到自己的面容，身材以及穿着打扮一样。我们所形成的“自我概念”的印象，也都来自这面“镜子”。故而这种现象被称为镜像效应。

镜像效应对我们在生活中的为人处世有着非常显著的影响。在做某件事或与人接触时，我们首先会想象别人是怎样“认识”我们的，然后我们又会想象，在“认识”我们之后，别人又是如何来“评价”我们的。最终，根据别人对我们的“认识”和“评价”，我们会产生某种情感，而这种情感最终将会主导我们对自我的认知。

比如，某天我向慈善机构捐了一笔钱，对于我的这一行为，别人会给予一些反馈，可能认为我是个热心慈善活动的好人，也可能觉得我很善良。收到这些好的反馈，会让我的心情非常愉悦，同时也让我“认识”到自己可能确实是个“热心、善良”的好人。因为有了较好的情感体验，所以之后我很可能会继续这种行为，并且以相同的标准来要求自己。

但假如我所收到的反馈并不是那么友好，可能有人觉得我的行为是在“假装好心”，也可能有人会给出“伪善”的评价。收到这样不友好的反馈，我的情绪自然不会很好，但与此同时，我也会开始审视自我，去思索这些反馈有多少真实性，我到底是不是一个伪善的人。在这个过程中，我可能会产生愤怒和排斥的负面情绪，并且在这种负面情绪中更进一步地认识自己，审视自己。

很多小说中都有类似这样的情节：

一个无恶不作的大坏蛋，在机缘巧合之下做了某件好事，或者救了某个人，由此得到了别人的称赞和感激。于是，慢慢地，在这些称赞与感激之中，他不自觉地开始做一些从前根本不会做也不屑于做的事，甚至逐渐接受了自己“好人”的定位，并发掘出了潜藏在人性深处的善良……

这样的故事虽然俗套，但却是非常典型的镜像效应的一种体现。不管是无恶不作的大坏蛋，还是善良的好人，实际上都是同一个人。原本的他对自我的认知是“无恶不作的大坏蛋”，然而，因为机缘巧合，他从别人那里接收到了一个全新的反馈——“好人”。于是，这个新的“镜中我”开始影响他原本所认知的“真的我”，最终一点点塑造出了一个全新的“我”。

人性本身就是复杂的，没有谁是天生的好人，也没有谁是注定的恶人。你对自己的认知，主要还是基于他人对你认识的一种反馈，然而，这种反馈就真的是真正的你吗？一直以来，你所认识的那个自己，真的是最真实的你自己吗？很显然，你其实是可以选择的，你可以选择让自己成为一个什么样的人，是人人称颂的好人，还是令人避之不及的祸害？

在现实生活中，这样的例子也并不少见：

一位妈妈抱着儿子上了公交车，发现人都已经基本坐满了，只有一个年轻人占着两个座位像是在打盹儿。

车刚开动，妈妈怀里的儿子就不高兴地闹腾开了，用手指着年轻人，哭闹着要坐到座位上去。看着闭着眼睛毫无反应的年轻人，这位妈妈只得温柔地安慰儿子说："乖，别闹了，这个叔叔上班太辛苦了，让他睡一会儿好吗？等他睡醒了，就会腾出座位来让你坐了。"

听了这位妈妈的话，占着座位的年轻人突然感到有些不好意思。几分钟后，年轻人睁开眼睛，一副刚睡醒的样子，往里面挪了挪，把他占的座位给让了出来。

孩子的哭闹未能打动年轻人分毫，而妈妈温柔的宽慰却让年轻人心甘情愿地让出了座位。这其实并不难理解，孩子用哭闹的方式对年轻人占据两个座位的行为进行控诉了，这表明在孩子看来，这个年轻人是"坏人"，很显然这一反馈只会让年轻人更觉怒火中烧。妈妈则不同，她以宽容理解的态度，给年轻人找了一个很好的台阶。有了这个台阶，一切就都不一样了，他不再是一个恶意占座的人，只是因为太辛苦，所以才需要休息一会儿。接收到的反馈变了，年轻人的行为举动自然也就发生了相应的变化。

可见，人性是极其复杂且多样的，没有谁是天生就刻好烙印的。我们会成为什么样的人，很多时候是由他人的反馈所决定的。

公地悲剧：贪婪是人性的原罪

1968 年的时候，《科学》杂志上发表了一篇文章，名为《公地的悲剧》，是由当时英国的著名学者哈丁所撰写的。在这篇文章中，哈丁设置了这样的一个场景：

一群牧民，共同在一片公共的草场上放牧。从这块草场的情况来看，饲养的羊数目已经非常多了，基本上已经达到了饱和状态。但有一个牧民却很想再多养一只羊，以增加自己的个人收入。如果他真的这么做了，那么很显然会影响到草场的质量，给草场造成过重的负担。在这种情况之下，这位牧民会怎样取舍呢？

试想一下，如果这个牧民只从私利出发，那么很显然，他肯定会增加羊的数目，以便让自己获得更多的利益。一旦开了这个头，其他的牧民们很可能也和那位牧民想的一样。当每个牧民都用这样的思维来做决定时，公地悲剧也就上演了——因为负担过重，草场持续退化，再也无法养羊了，最终所有的牧民都不可避免地走向了破产。

作为一项资源或者说财产，公地通常有许多的拥有者，这些拥有者都能对公地行使使用权，同时也不能阻止其他拥有者来使用公地。但问题就在于，这些拥有者们每一个在使用公地时，都有过度使用的倾向。在这种情况之下，久而久之，必然会导致公地资源枯竭，甚至最终失去它的使用价值。比如，那些被过度砍伐的森林、过度捕捞的海域以及遭到严重污染的空气与河流等，其实都是公地悲剧的典型例子。

公地悲剧的产生归根结底还是人性的贪婪和自私。因为贪婪，所以人总是希望自己能得到更多，即便在面对“公地”时，也恨不得将其划归己有，不让任何人去染指；因为自私，所以在面临选择时，人往往只会从自己的角度出发，考虑自己的利益，即便明明知道有的选择可能会造成长远的伤害，依然会为了眼前的利益而妥协。就像那些为了增加收入而多养几只羊的牧民一样，为了榨取更多的价值，不惜以杀鸡取卵的方式，以牺牲长远利益为代价，换取眼前的小小薄利。

在肯德基和麦当劳刚刚进驻中国的时候，所采取的一些管理方式与国外并没有太大差异，比如那个时候的酱料包，通常是成堆放置在某个地方，由顾客自己拿取的。结果可想而知，在面对一堆“免费”的酱料包时，人们会有怎样的反应。最终，自取只得变为分配，从根本上控制住了“公地”的使用。

贪婪是人性最大的原罪，我们所犯的很多错误，走的很多歪路，归根结底，都是为“贪婪”二字所累。

炒过股的人想必都有过这样的体会：初入股市时，不管买进还是卖出都小心翼翼，随便涨了一点就急迫地卖掉，哪怕只有几十或几百的赚头也能高兴上好一阵。这个时期，每笔交易可能赚得都不多，但总体来说是赚钱的。

等在股市混迹得久了之后，胆子越来越大，胃口也随之越来越大。一个涨停板？不够！两个涨停板？不够！三个、四个、五个……跌了怎么办？不甘心，继续投入，盼着触底反弹，盼着以小博大，一朝富贵……这个时候，一笔交易的获利可能就能让你的资产小小翻上一番，但同样，一笔交易的亏损，也可能让你的资产被狠狠切掉一刀。

贪婪是可怕的，足以毁灭任何一个强大的人。贪婪永远不会有满足的时候，更不会懂得适可而止。人与动物最大的区别就在于，人有头脑、有理智，他们懂得该如何克制欲望，而不是放任贪婪。

海格力斯效应：冤冤相报何时了

海格力斯效应源自于古希腊神话，是一种人际互动。它所反映的是人与人之间，以及群体与群体之间因仇恨或摩擦而引发的冤冤相报，而在这个过程中，仇恨与摩擦不仅不会消泯，反而会越来越深，直至两败俱伤。这种现象就是海格力斯效应。

海格力斯是古希腊神话中的一位大英雄，一天，他独自一人行走在蜿蜒盘旋的山道上，突然，他发现前方有一个像袋子一样的东西挡住了他的去路。海格力斯觉得很奇怪，以前他从未见过这东西，也不知道它究竟是什么。

起初，海格力斯并没有将这东西放在眼里，可是，就在他打算一脚将这袋子踢开的时候，原本还很小的袋子突然之间就膨胀了起来。海格力斯非常愤怒，顺手从地上抓起了一根棍子，狠狠朝着那袋子抽了过去。

要知道，海格力斯的力气可真是不小，这用尽全力的一击，威力更是不容小觑。可令人意外的是，这个袋子不仅没有破，反而比方才膨胀得更大了，完全堵住了山路。这回海格力斯就算不想和它计较恐怕也不行了。海格力斯使出浑身解数，试图把这烦人的袋子给弄坏或者弄走，可是这看似脆弱的袋子却顽强得很，让海格力斯一筹莫展。

就在这个时候，海格力斯听到背后突然传来一个苍老的声音：“嘿，大英雄，你这样是不行的，这东西是个宝贝，名叫‘仇恨袋’，顾名思义，它的力量主要就是来自于仇恨。如果你不侵犯它，那么它对你不会造成任何威胁；但如果你侵犯了它，那么它必定会挡在你的面前，和你相持到底！”

听了这话，海格力斯赶紧谦虚地请教道：“那么老先生，现在我应该怎么办呢？”

老者笑了笑说道：“当然是忘了它，当你把它忘了的时候，自然就不会再因它而感到愤怒、仇恨，这样一来，它自己也就会慢慢变小了。”

最终，按照老者的办法，仇恨袋总算慢慢变小了，这回海格力斯平静地从它身边绕了过去，没再试图和它“对抗”。

生活中常常会出现这样的情况：两个人因为一些事情而产生矛盾，一开始这种矛盾可能并不是很大，但如果其中一方起了报复的心思，那么很可能就会陷入一种“冤冤相报”的状态，彼此之间的矛盾也将会随着相互之间的报复行为而日益加深，甚至发展成不死不休的仇恨。就像那个仇恨袋一样，越是在意，越是愤怒，仇恨就越是猛烈，难以消除。

威廉·哈尔斯是沃尔沃集团最著名的销售培训专家之一。在第二次世界大战期间，为了躲避战火，哈尔斯逃到了瑞典。

哈尔斯懂得好几个国家的语言，因此他希望能够找到一份秘书的工作。在投出许多求职信之后，哈尔斯总算等来了一封回信。然而让他倍感愤怒的是，这封回信带来的并不是什么好消息，而是通篇的指责和讽刺。对方在信上写道：“……综上所述，你对秘书的工作显然完全不了解。更重要的是，你居然连瑞典文都写不好，信上全是错字，你这样的秘书，我怎么可能需要呢！”

这封毫不客气的回信让哈尔斯非常愤怒，他立刻拿起笔，洋洋洒洒地写好了一封措辞极其激烈，用语极其讽刺刻薄的回信。但最终，哈尔斯并未将这封信寄出，他对自己说：“这样做有什么意义呢？我何必为了这种毫无意义的事情浪费邮票呢？”

最终，哈尔斯撕掉了那封言辞激烈的回信，重新写了一封信。在这封信中，哈尔斯表示，他非常感谢对方能够指出自己的缺点，让他能够获得更大的进步。

没过多久，哈尔斯又再次收到了那人的回信，这一次信上的措辞显然要客气得多，那人还向哈尔斯表达了他的歉意，并表示愿意给他一份工作。就这样，哈尔斯顺利在瑞士找到了自己的第一份工作，开始了他的职业生涯。

试想一下，如果在收到那封信后，哈尔斯一怒之下将自己写的第一封信寄了出去，会发生什么呢？对方或许会无视他，也或许会继续回信，用更加过分的语言来伤害他。但不管怎么样，再想从对方手上拿到一份工作显然是根本不可能的。

人与人交往，就必然会有意见不合或观点不一致的情况发生，在双方产生利害冲突的时候，如果大家能够用宽容的态度去包容仇恨，那么仇恨自然就会逐渐消失。俗话说得好：冤冤相报何时了，得饶人处且饶人。人生如此短暂，又何必将宝贵的时间都浪费在无谓的矛盾和摩擦上呢？

跳蚤效应：失败就是自我设限

见过跳蚤的人都知道，这小东西有两条非常强健的后腿，轻轻松松就能跳起一米多高，简直堪称是自然界的“跳高王”。

曾有生物学家做过这样一个实验：

他将跳蚤放到一个大约有一米高的罐子里，并盖上了一个透明的盖子。一开始，每次跳蚤只要跳起来，都会撞到透明的玻璃盖子上。过了一段时间之后，生物学家将罐子上方的透明盖子拿掉了，结果他发现，那些在罐子里待了一段时间的跳蚤，现在虽然依旧能跳跃，但却再也没有跳到一米以上的高度。

很显然，在无数次的"撞头"之后，跳蚤终于适应了罐子的高度，并依据此来对自己的跳跃能力进行了调整。心理学家将这种因默认较低目标而主动限制自身实际能力的现象称为"跳蚤效应"。

那么，跳蚤效应如果放到人的身上，是否也能适用呢？为了找出这个答案，一位来自哈佛大学的心理学家对一群年轻人进行了追踪调查。

这些接受调查的年轻人不论是智力、学历还是成长环境等各方面的条件都差不多，唯一的一点区别就是，他们之中有的人对未来早就已经制定好了清晰并且长远的目标，而有人却依旧把日子过得浑浑噩噩，没有长进。

二十五年之后，心理学家得知了这些接受调查的青年们的生活状况：其中有 3% 的人几乎都成了社会各界顶尖的成功人士，他们就是那些有着清晰且长远目标的人；有 10% 的人有清晰的短期目标，而他们现在大都生活在社会的中上层；有 60% 的人拥有较为模糊的目标，他们主要集中在社会的中下层；最后还有 27% 的人，他们活得庸庸碌碌，浑浑噩噩，生活在社会的最底层。

1952 年 7 月 4 日，对于弗洛伦丝·柯德威克而言，这是一个非常特殊的日子。就在今天，她将要从距离海岸西部大约 21 英里的卡塔林纳岛出发，涉水进入太平洋，向加州海岸游去。在此之前，还没有任何一条关于女性成功游过英吉利海峡的记录，能否挑战成功对于柯德威克而言非常重要。

早晨的海水简直冰凉刺骨，已经 54 岁的柯德威克依旧毫不犹豫地跃入了太平洋。已经过去 15 个小时了，柯德威克感觉自己的身体已经被海水冻得麻木了。柯德威克知道，自己已经快要到极限，再这么死撑下去的话，很可能会出现意外。

柯德威克数次试图叫随行的船停下来，将她从水里拉出去。但她的母亲和教练却不同意，他们高声地鼓励她，并告诉她，只要再坚持一下，很快就能抵达目的地。但当柯德威克向加州海岸眺望过去的时候，除了白茫茫的浓雾之外，却看不清楚任何东西。

大约在几十分钟以后，柯德威克被随行的人拉上了船，从寒冷中恢复过来之后，柯德威克才猛然意识到，她被人拉上船的地点，实际上距离加州海岸仅仅只有不到半英里的距离了。如果当时能够再坚持一下……

这一次的失败让柯德威克感到非常沮丧，她很清楚，自己之所以会失败，并非是因为体力不济，而是因为浓雾遮挡住了目的地，导致她自乱阵脚。对于此次失败，柯德威克感到十分不甘心。两个月后，她再一次向该项目挑战，并成功游过了英吉利海峡。

梭罗的《狱卒》中有这样一句话：“我不知道这世上还有什么东西能比一个人下定决心要改善自己的生活更令人感到振奋了……如果一个人能够始终充满信心地向着自己的理想去努力，为自己所渴望的生活去打拼，那么终有一天他会取得意外的成功。”

“美国波多里奇国家质量奖”是由美国总统亲自为美国企业颁发的最高荣誉奖项，对企业有着非常严苛的要求。

1981 年的时候，摩托罗拉公司制定了一个目标：为公司夺取“美国波多里奇国家质量奖”。为了实现这个目的，摩托罗拉公司特意派出了一队考察小组，让他们到世界各地去观摩、学习。与此同时，摩托罗拉还高薪雇用了一批品质监控人员，全权负责监控并管理公司的各条生产线。在这些举措下，到 1982 年年底，摩托罗拉公司的产品不合格率竟降低了 90%！这一成绩虽然十分喜人，但公司领导依旧不够满意，随即便制定了新的目标：将产品合格率提升至 99.997%。

在这一目标的激励之下，摩托罗拉一直在不停地进步，不停地改良。到 1988 年的时候，摩托罗拉因减去昂贵的零件修复和替换工作，节省了 2.5 亿万美元；公司收入比之前增加了 23%，利润更是提升了 44%，这是摩托罗拉公司前所未有的优秀成绩。同年，“美国波多里奇国家质量奖”毫无悬念地落入了摩托罗拉公司手中。

每个人的内心其实都潜藏着一股巨大的能量，想要激发并调动这股能量，我们就必须不断地突破自我，提升自我。很多人这一生都无所建树，并非完全是因为能力不足，而是因为他们给自己定下的目标根本不足以激发潜藏在自己内心中的能量。

第三章

chapter 3

嘿！你并没有你以为的那么重要

焦点效应：别人都在关注我！

基洛维奇是美国著名的心理学家，同时也是常春藤盟校康奈尔大学的教授。有一次，一名学生来找基洛维奇，向他诉说自己的烦恼。这名学生表示，自己一直承受着非常巨大的压力，他总觉得，全世界的注意力似乎都放在自己身上，自己的一举一动都可能引人非议。

为了帮助这名学生排遣压力，基洛维奇做了一个非常著名的实验：

他找来了一件款式相当前卫的T恤让这名学生穿上，并要求他在所有学生都落座之后再走进教室。对于教授的安排，这名学生感到非常忧虑，整堂课都坐立不安，他觉得所有人都在看他，关注着他的一举一动，品评着他身上这件过分前卫的T恤……一整堂课下来，这名学生都感到紧张又拘谨。

结束这堂课程之后，基洛维奇当即对所有的学生展开了一个简单的小调查，询问他们是否有注意到一名迟到的学生，身上穿着非常前卫的T恤。结果，令人意外的是，整个教室里，仅仅只有23%的学生对此有一些印象。

根据这个实验，基洛维奇得出了这样一个结论：人总是会下意识地将自己看作一切的中心，并在无形中高估了其他人对自己的注意程度。基洛维奇将这种现象称为“焦点效应”。

焦点效应其实是每个人都曾有过的一种体验，在这种心理状态的影响下，我们总会下意识地过度关注自我，并且过分在意别人的想法和眼光。但凡出了一点点差错，就仿佛受到了全世界的谴责一般，但事实上，很多时候，这不过只是我们的一种心理错觉罢了。

试想一下，当你和初次见面的人一起用餐时，却不慎把酒杯打翻了，那一刻你的心情是怎样的？是不是觉得非常尴尬，好像全餐厅的目光都集中在了你身上一般？甚至可能还有人在窃窃私语，笑话你方才的失误。很多人大概都会有这样的感觉，这种感觉让你感到窘迫不已，手足无措。接下来，你的一举一动变得更加小心翼翼，你甚至不敢抬起目光与别人对视，只能勉强维持着表面上的平静……

然而事实是：当你打翻酒杯的时候，整个餐厅里或许根本没有人留意到这一幕，甚至没有任何一道视线在你身上停留过。甚至就连和你一起共进晚餐的伙伴，在睡一觉起来之后，可能都想不起你们在一起用餐时发生过这样一场小意外。

请相信，假如你不是公众人物，那么真的不会有多少人关注你。那些擦肩而过的人不会关心你的耳环和衣服搭不搭；那些偶然打了个照面的人不会在乎你的香水是否适合眼下的场所；甚至那些会在背后议论你的人，其实也根本就不在乎你过得究竟好还是不好，对于他们来说，你不过是一个可以在茶余饭后消遣的话题罢了……

所以，人应该活得轻松一些，没必要过多地在意他人对你的评价和想法。请相信，这个世界上大多数人都很忙，并没有空闲的时间和精力来关注你、编排你。

自我服务偏见：平庸者的自视甚高

一位澳大利亚的心理学家曾对某公司的经理级高管们做过一个关于自我认知度的调查，结果发现，有 90% 的高管对自己工作情况的评价要高于对其他同事的评价。而在其中，有 86% 的高管认为，自己在工作上所取得的成绩是要高于公司实际的平均水平的，仅仅只有 1% 的人认为，自己在工作方面的成绩可能低于公司实际的平均水平。

然后，这位心理学家又虚构出一个全公司的平均奖金数据来，让这些高官们根据自己的工作业绩来评价自己所获得的报酬与能力之间的关联，结果发现，当大部分人获得高于平均水平的奖金时，他们通常会认为这是自己应得的，是自己努力工作并取得优秀业绩的一种合理回馈；而当他们所得到的奖金低于平均水平时，他们的第一个念头通常是认为自己受到了不公正的对待——很显然，在这些人看来，他们理所应当要比普通人更优秀，一旦情况无法达到预期，他们往往会习惯性地找借口为自己开脱。总而言之，他们很少能够坦然接受自己比别人差的现实。

为什么会出现这样的情况呢？莫非这家公司非常凑巧地把一群自大狂纳入了旗下？当然不，事实上，这几乎是所有人的通病，或者说，这是人性中存在的弱点之一，心理学上将其称为“自我服务偏见”。

在《社会心理学》一书中，美国心理学家戴维·迈尔斯是这样定义“自我服务偏见”的：“人们在加工与自己有关的信息时，往往会出现一种潜在的偏见。他们会轻易地为自己的错误和失败开脱，同时欣然地接受来自成功的赞誉。在大多数情况下，人们都认为自己要比别人更好。这种自我美化的感觉让大多数人都陶醉于自己优秀的一面，却极少会看见自身的阴暗。”

一位保险调查员总结工作的时候，翻开最近填写的那些保险调查单，肇事司机们通常是这样描述事故原因的：

——“我开到十字路口的时候，突然出现一个东西，挡住了我的视线，以至于我没有看到别的车，直接撞了过去。”

——“我正常行驶，结果那辆车不知道从哪里钻了出来，剐花我的车门之后就跑了。”

——“他突然冲出马路，结果就钻我的车轮子底下了。”

……

我们总有理由，总有借口，不管发生什么样的意外、事故、错误。至于成功？很显然，那必然是我们的努力所得！

戴夫·巴里——美国迈阿密州一位非常幽默的专栏作家，他曾说过：“无论年龄、性别、信仰、经济地位或者种族有多么不同，但有一样东西却是每个人都有的，那就是他们内心深处都坚信，自己比普通人要强。”

是的，我们就是这样，哪怕你不愿承认，但事实上，我们的内心深处的确始终相信，自己在多数主观的和令人向往的特质上是强于一般人的。

为什么会这样呢？这种自我服务偏见究竟是怎样产生的呢？目

前，心理学家们主要给出了两种解释。

第一，记忆处理问题导致的副产品。

记忆是会骗人的，尤其是那些与我们自己相关的信息，我们的大脑总是会在不自觉的情况下对这些记忆进行一些加工和美化，选择留存下那些对我们自己更有利的记忆。

比如，加拿大的一些心理学家曾针对已婚人士，对婚姻生活中的自我服务偏见进行了一些调查研究，他们发现，有 91% 的妻子认为，自己承担了家庭中的大部分食品采购工作，然而却只有 76% 的丈夫认同这一点。

在他们调研的案例中，有一对夫妇提到了他们关于倒垃圾问题的争吵。每天晚上吃过晚饭之后，他们都要把家里的垃圾收拾起来，然后丢出去。当妻子对丈夫说“这次该你去倒垃圾了”的时候，丈夫心里想的是“怎么又是我？你不会收拾吗？大都是我收拾的，怎么也该你动一动手了吧”。于是丈夫不高兴地质问妻子：“嘿，你认为家里的垃圾你收拾过几次？”妻子斩钉截铁地回答：“差不多每次都是我收拾的。”

很典型的自我服务偏见：我们总是会不自觉地在记忆中夸大对自己有利的信息，淡化甚至忽略对自己不利的信息。

正因为如此，所以在每次争吵爆发的时候，我们都在互相指责，诉说自己的不容易，指责对方的不尽责。然而事实上，我们真的做得足够好了吗？对方真的应该承担更多的错误和责任吗？那些让我们记忆深刻的东西，究竟是真相还是我们的选择性记忆？

第二，自我服务动机。

每个人都在寻求自我认识，渴望受到他人的认可，证明自己的能力，提升自我的形象。也正是这种渴望，让我们在接收信息时往往具有主观倾向性。

比如，在2008年美国总统竞选的时期，某机构在分析了亚马逊图书销售的数据后就发现，那些支持奥巴马的人往往更偏向于购买正面描写奥巴马的书籍，而那些不喜欢奥巴马的人则更乐意购买批评奥巴马的书籍。

再比如某个明星发生一些事情的时候，这位明星的粉丝们通常会更倾向于去相信那些有利于自己偶像的信息，而明星的“黑粉”们则显然更乐意关注并传播那些对这位明星不利的言论。

瞧，记忆和思维都是会骗人的。因为人性中存在的这种自我服务偏见，所以即便是平庸者，也往往容易自视甚高；明明是犯错者，却能够理直气壮、大言不惭。

所以要小心，别被人性的弱点所支配。指责别人时，先好好想想自己是不是真的做得足够好；怨天尤人时，先反省反省自己是不是真的不需要承担责任；沾沾自喜时，先斟酌一下自己是不是真的足够优秀，值得别人高看一眼。

约拿情结：害怕失败，也害怕成功

约拿情结是人类普遍存在的一种心理现象，其由来取自圣经里的一个故事。

在圣经《旧约》中，有一个人物名叫约拿，他是亚米太的儿子，同样也是一名非常虔诚的基督教徒。约拿一直渴望能够为神奉献，受到神的差遣。终于有一天，他梦想成真了，神耶和华将一个光荣的任务交给了他：带着神的旨意前往尼尼微城——一座本来将要被罪行毁灭的城市——宣布赦免。

为神所差遣，成为神的使徒——这原本一直是约拿的渴望，然而真正到了这个时候，约拿却突然畏惧、退缩了，逃避了这个任务。耶和华非常生气，他将逃避的约拿找了出来，唤醒他、惩戒他，最后甚至让一条大鱼把他给吞了下去。

经过反复的犹疑和思索，约拿终于在耶和华面前忏悔，并接受了这个使命。

带着神的旨意前往尼尼微城传话，这对于任何一位基督徒而言，都是崇高的使命与荣誉，而这也的确一直都是约拿所向往的。可当这一切终于变为现实的时候，约拿却产生了难以名状的畏惧心理，不敢去接受这份即将到来的荣耀与成功。

这是非常有趣的一种心理现象。人们害怕失败和挫折，这是可以理解的，可面对即将到来的荣耀与成功时，难道不该欣喜若狂吗？为什么也会产生恐惧和不安，甚至逃避呢？畏惧成功的原因很复杂，可能存在以下几点：

首先，不自信，认为自己没有足够的能力和资格去承担那份荣耀，害怕自己名不副实，所以宁愿放弃这个机会，将自己“龟缩”在相对安全的舒适区。

其次，畏惧“被看到”。成功就意味着“被看到”，因为人们总是习惯将目光投注于那些成功者的身上。而对于他人的注视，有的人会感到愉悦，有的人则只会觉得羞耻和尴尬。尤其是那些不够自信的人，暴露于众目睽睽之下于他们而言无异于是一种酷刑。

最后，不想承担成功带来的“副作用”。俗话说“木秀于林，风必摧之”，伴随着成功和荣耀而来的，除了他人的赞赏与钦佩之外，还可能有不少充满嫉妒的攻击。

简而言之，约拿情结实际上就是我们平衡内心压力的一种表现，因为害怕面对压力，害怕承担责任，所以宁愿连荣誉和成功也一同放弃。

德国有一档名为《谁是未来的百万富翁》的综艺节目，非常受欢迎，参加这个节目的选手通过答题可以赢得非常丰厚的奖品。在游戏过程中，有这样一个小环节：选手每闯过一关后，都会有一次选择的机会，是继续进入下一关，还是止步于此。

通常来说，下一关的奖励总是比上一关的要更加丰富，如果能够闯过最后一关，那么将会赢得一百万大奖。但有个问题，那就是如果选择继续闯关，但却未能成功通关的话，之前在游戏中累积到的所有奖金都会作废。

在节目开播的前十几期里，没有任何一个选手拿到最后的那个百万大奖，因为几乎所有选手都抱持着一种“见好就收”的态度，往往在奖金累积到十万左右时就主动放弃答题了。这种情形持续了很长时间，直到几年以后，一位名叫克拉马的年轻人才彻底打破了这一局面。突破十万关卡的时候，克拉马果断决定继续挑战；等到突破五十万关卡的时候，虽然有些许的摇摆，但克拉马最终依旧果断地选择了继续挑战。

最终，克拉马成为节目开播以来第一位获得百万大奖的选手。据当地媒体评价：最后成就克拉马的，不是他的学问或才能，而是他的心理素质和雄心壮志。有趣的是，但凡是看过这档节目的人其实都知道，即便是在冲破五十万奖金大关之后，那些需要作答的题目难度也并没有增加。也就是说，只要你有一定的真才实学，是完全可以轻松拿下百万大奖的。只可惜，很多人都受到了约拿情结的影响，宁愿安分地待在舒适区，也不敢向着“老虎”伸出自己的利爪。

在现实生活中，约拿情结对我们的影响是不容忽视的，想要克服这一成长路上的巨大障碍，我们就得对自己的心理进行一系列的矫正：

首先，了解自己的内心状况，大胆承认“约拿情结”的存在。面对责任与压力的时候，要懂得控制自己的情绪，克服恐惧和害怕的心理。

其次，克服对成长的恐惧。成长是人的本性，每个人都会成长，只是长的方式不同，所能达到的效果自然也就不尽相同。无论是成长还是成功，都是一个循序渐进的过程。在这个过程中，只要尽力了，哪怕失败了，也是虽败犹荣的。

最后，要有自信，并具备敢于“毛遂自荐”的勇气。想要发挥自己的能力和才华，就要有敢于到前方拼闯的勇气。

霍桑效应：适度宣泄，别总活在别人的目光里

霍桑效应这一概念最早源自于以哈佛大学心理学专家乔治·埃尔顿·梅奥教授为首的研究小组，在 1924 年至 1933 年间所进行的一系列实验研究。“霍桑”是美国西部电气公司坐落于芝加哥的一间工厂的名字，这一系列的实验研究都是在这里进行的，因此梅奥教授将其称为霍桑效应。

1924 年 11 月，以梅奥教授为首的研究小组正式进驻西部电器公司的霍桑工厂，他们此行的目的是找到一个能够通过改善工作条件和环境等外在因素，从而提升生产率的方法。他们在工厂中随机选中了六名女工作为实验观察对象。这场实验一共分为七个阶段，在这七个阶段中，研究人员会通过不断改变女工们的工资、休息时

间表、午晚餐以及照明情况等外在因素来进行观察，并记录这些因素的变化对女工们的工作效率是否有影响。

虽然实验一直有条不紊地进行着，但非常遗憾的是，研究人员们并未发现这些外在因素的改变与生产效率之间有任何关联。为了进一步了解情况，梅奥教授又带领着他的团队，花费整整两年的时间来和这些工人们谈话，耐心地听取他们的意见，两天以来，和梅奥教授团队谈过话的工人多达两万余人。

一开始，工人们在和研究人员谈话时还有些拘谨，随着交流的深入，双方都开始畅所欲言起来。在交流的过程中，工人们尽情地宣泄着压抑在心中已久的负面情绪，对着研究人员们大倒苦水。

原本与工人们交流谈话不过只是梅奥教授心血来潮的一个想法，但令人惊讶的事情随之发生了，研究人员们一直密切关注的霍桑工厂的生产效率突然有了明显的提高。这一结果让梅奥教授意识到，工人们所需要的，其实并不是环境或照明等因素，此时他们最需要的，是一个能够宣泄情绪的渠道。

现代人总是容易活得累，归根结底还是因为绷得太紧，不懂得适度宣泄情绪。我们的情绪就像是洪水一般，想要治水，得疏不能堵。情绪也是这样，一味地压抑和控制只会让负面情绪变得越来越多，等到"洪水"决堤的那天，就一切都来不及了。

松下公司是日本非常著名的企业，一直以来，松下公司都非常注重员工的情绪管理问题，该公司认为，员工的情绪状态与他们的工作效率有着非常直接的关联，只有保证员工情绪好了，工作效率才能提升上去。为了实现这一点，松下公司动了很多脑筋。

"出气室"是松下公司在各个生产基地都设置了的一个非常特殊的房间，房间的选址通常比较隐蔽，里面放置着诸如橡皮人之类的一些东西。每当公司员工被不良情绪所困扰时，公司都会建议他们前往这个空房间“出气”，以宣泄内心所堆积的那些不良情绪。

虽然松下公司的做法似乎显得有些极端，但不得不说，的确是行之有效的。可见，一个合理的情绪宣泄渠道，往往比优越的环境和丰厚的报酬还要重要得多。

从心理学的角度来分析，负面情绪对人的影响是非常大的，不仅会影响到这个人的精神状态和情绪状态，甚至还会直接影响到人的身体健康，甚至人际交往状况。所以，当负面情绪来袭时，千万不要一味地压抑自己，如果实在不知该如何进行宣泄，那么即便是大哭一场，也总比强颜欢笑要好得多。

自我宽恕定律：我的错误都是别人造成的

在我们的生活中，有这样一种非常普遍的现象：绝大多数人都不会认为自己是坏人，哪怕做出某些邪恶的行为，也往往是有“苦衷”的，甚至可能会下意识地将责任推卸到其他人头上。这就是“自我宽恕定律”。

犯了错误就应该接受惩罚，这是人们普遍都认可的一个准则。然而，要想让一个人自觉主动地承认自己犯了错，似乎却也不是件容易的事。试想一下，当别人指责你做错了什么事情的时候，你的第一反应通常是什么？大多数人都会下意识地否定、解释甚至狡辩。哪怕实在推托不掉，也非得给自己找个“顺理成章”的理由，尽可能地逃避责任和惩罚。

有的人不肯认错是因为自尊心太强，觉得面子比命还重要，他们不容许自己犯错，更不容许别人发现自己犯错；有的人不肯认错是因为对自己要求高，一心想要在众人眼中树立起一个完美的形象，所以他们“不能”犯错；还有的人不肯认错则是因为自卑，越是自卑就越是害怕犯错，越是害怕面对别人或责备，或轻蔑的目光。这就是人类的天性，有着各种各样的弱点和缺陷，在这些弱点和缺陷的影响下，人又总是会下意识地犯更多错，做更多恶行。

自私是人类的天性之一，自我保护则是人类的一种本能。因此，在面对危险或责难时，人们总是会下意识地先为自己考虑，以自己的利益为先，甚至为了维护自己不惜去攻讦他人，将错误和责任都推卸到他人的头上。以至于在很多时候，人们总是不自觉地就产生了这样一种观念:“我的错误都是别人造成的。”

上班迟到，是因为头天晚上和朋友去喝酒，结果没能按时起床；不小心把花瓶碰掉，是因为放置花瓶的人没有将它放在更安全的地方；忘记把做好的合约带到公司，是因为早上女儿一直闹腾，让人心烦不已；没能顺利拿下客户，是因为对手用了卑鄙无耻的手段，硬生生抢走了生意；孩子逃学打架，是因为伴侣没有用心去管教……总而言之，无论发生任何事情，人们都总是能够找到理由为自己开脱。

中国有这样一句古话:“只许州官放火，不许百姓点灯。”这句话所描述的其实也正是“自我宽恕定律”的一个表现。很多时候，我们总是对自己太过宽容，对别人却太过苛刻。我们总能原谅自己犯下的错误，却又容易对他人吹毛求疵。这是人性根深蒂固的一个特点:永远看不到自己的缺点与不足，却总能轻易找出他人的错误。

《菜根谭》里说:“人之过误宜恕，而在己则不可恕；己之困辱宜忍，而在人则不可忍。”这就是在告诫我们，应当学会严以律己，宽以待人。当我们能够对自己严格要求，对他人宽容以待的时候，人与人之间的很多矛盾也就不复存在了。严以律己，便不会轻易得罪别人，惹人厌烦；宽以待人，便不会对他人过分苛责，心存不满。

在现实生活中，人与人之间很多的纷争和摩擦，归根结底都是因为谁都不肯认错，谁都不肯低头，却又非要逼对方认错、低头而导致的。如果每个人都能退一步，做错事情先从自己身上找原因，那么自然就能避免很多不必要的争端。

认错并不是一件多么困难的事情，重要的是心态要摆正。人非圣贤孰能无过，犯错并不是什么丢脸的事，相反，人就是在不断的犯错中成长和进步的。犯错其实并不可怕，真正可怕的是不知错，不认错，更不改错。

所以，做人一定要懂得自省其身，从自己身上找寻错误。别被“自我宽恕定律”迷了眼睛，放纵了自己，却苛责了别人。

第四章

chapter 4

一不小心，就成了我们最讨厌的那种人

卡瑞尔公式：负向的暗示，越怕就越是记忆深刻

人生当中有很多的智慧是脱胎自心理学，或者是在心理学成为一门学科以后进行总结的。在过去，人们总是说，凡事都要做好最坏的打算，然而这其实就与心理学当中的卡瑞尔公式不谋而合。

威利·卡瑞尔是纽约水牛钢铁公司的一名工程师，一次，他出差前往密苏里州，去安装一台瓦斯清洁机。这个工作并不容易，卡瑞尔尽了自己的全部能力，机器只能达到勉强使用的程度，远远达不到公司所保证的产品质量。这件事情让卡瑞尔感觉非常焦虑，他担心自己会不会因此而失去工作，整夜无法入睡。一段时间以后，他想通了一个问题，那就是担忧什么都解决不了。他想要改变自己的情况，那就必须要开解自己，换个思路去思考自己所面对的问题。

他的想法是，这件事情没有做好，会造成最坏的结果是什么呢？无非就是老板大发雷霆，拆掉机器，将他赶出公司。有了这个假设做基础，他开始思考，如果自己失去了这份工作，要如何生活。

他观察了一下当时的社会就业情况，发现能够维修机器的工程师是非常抢手的，如果他离开现在的公司，找到下家并不困难。这件事情让他明白，即便是自己因为这件事情迎来了最糟糕的结果，自己仍然可以过得很好，这个结果并非是自己不能承受的。

想明白这一切以后，卡瑞尔就对自己将要面对的问题有了一个心理准备，于是他不再焦虑，心态平和了下来。随后，他开始针对机器出现的问题做了几个实验，发现机器出现的问题并非是无可挽救的，只要花上 5000 美元多购买另外一些设备，就能够完美地解决问题。这个过程不仅没有让公司蒙受损失，反而为公司在遇到问题的时候找到了一个解决方案。故事的结果自然是好的，卡瑞尔不仅没有过错，反而是有功劳的，他没有丢失自己的工作。

戴尔·卡耐基，这位成功学大师在得知了卡瑞尔的经历以后，从中找到了一个解决焦虑情绪的方法，他将这种方法取名为“卡瑞尔公式”。在他大名鼎鼎的《走出忧虑人生》的演讲中，他为大家讲述了“卡瑞尔公式”究竟是个什么东西。“卡瑞尔公式”，其实就是在面对问题的时候，先告诉自己什么样的情况是最糟糕的，然后在精神层面去接受这个最糟糕的结果。如果这一步能够成功，那么你就会远离忧虑，可以集中精神去解决问题，最终做到真正地解决忧虑。

“卡瑞尔公式”的应用并非只是体现在一些重大的事情里，每天困扰我们的事情往往是那些琐碎的小事，就如同在漫长的旅途当中，始终折磨你的不过是鞋子里的一粒沙而已。李想是一名大学生，他已经大四，快要毕业了。他的很多同学都开始找工作，而他却每天都在为一件事情困扰，那就是他的毕业论文。在他将自己的毕业论文发给导师以后，才想起来自己文中有一处错误没有修改，因为这件事情，他几乎到了彻夜难眠的地步。当他得知了“卡瑞尔公式”以后，马上就用“卡瑞尔公式”解决了自己的烦恼。

他所烦恼的毕业论文，结果可能还有几个月才出来，最坏的结果就是他的论文不合格，需要重写论文，明年才能拿到学位。没有学位就不能去找工作吗？其实很多大学生从大三的时候就开始找工作了，迟一年拿到学位，并不会对他的生活造成太大的影响。而如果他再这样焦虑下去，他就会荒废几个月的时间，对自己的身心都造成巨大的负面影响。当他想通了这件事情以后，马上就将所有的精力集中在找工作这件事情上，并且开始频繁地和导师沟通，试图让导师给他一次机会修改论文里的错误。最终他成功地说服了导师，修改了一处小小的错误，顺利地拿到了学位，也找到了自己心仪的工作。

“卡瑞尔公式”作为一个解除焦虑的有效方法，到了今天对于我们仍然适用。这种方法使用起来非常简单，只要做到三个步骤。

第一步，不管使用任何方法，暂时将恐惧、焦虑等不良情绪驱逐出大脑，恢复理性。只有保持冷静，恢复理性的时候，才能够将整个情况分析清楚，为自己找到那个如果出现问题的最坏结果。

第二步，这个时候你应该已经找到了那个最坏的结果，那么，你应该说服自己，如果这件事情可能发生，你要接受这个事实，不能因为这个坏结果崩溃。这样的话，如果真的出现了最坏的结果，你也不会因此方寸大乱，能够让自己很快地冷静下来，让自己的情绪放松下来。

第三步，我们完成了第二步，就能够用放松的心态，用冷静的头脑来面对问题，寻找解决问题的方法，这样我们就能够改变现状，让那个最坏的结果不出现。

事实上，这一切解决方法的先行条件都是先冷静下来，将焦虑驱逐出你的大脑。如果你不能做到这一点，一直焦虑或者一直担忧下去，那么你就很难集中精力。你越是担心一件事情，你就越是会失去自己做事情的节奏，让自己没有办法去做出一个正确的决定。所以，在我们告诉自己要接受一个最坏的情况的时候，首先要平稳我们的精神，这样我们才能在精神上接受这个结果，将会发生的所有情况进行一个衡量和对比，让自己能够真正集中精力去解决问题。如果你被某种负面情绪纠缠不休，担心一件坏事带来的结果，那么这件事情只能在你脑海当中挥之不去，越来越深刻。

路西法效应：坏习惯总是比好习惯容易“落地生根”

在这个世界上，人有很多种分类方式，但是最终简单明确的一种，就是粗暴地将人分为好人和坏人。每个人在小的时候就被大人灌输了好人和坏人的概念，做好事的就是好人，做坏事的就是坏人，但是事实真的这么简单吗？其实，好人未必好，坏人未必坏，这两种情况是可以互相转换的。而相比于从坏人变成一个好人，从好人变成坏人要容易得多。也就是说，坏习惯，总是要比好习惯更容易“落地生根”。

斯坦福监狱实验，就是解释了这个道理的一次重要实验。在社会心理学的发展史上，这个实验始终被人津津乐道，甚至还被拍成影视作品展现在世人的眼前。但是在当时，这个实验的进行者菲利普·津巴多却没有想这么多，他唯一的目的就是想知道，人性究竟是好的还是坏的。

1971 年，津巴多利用广告招募了 24 名大学生，在斯坦福大学地下的心理学实验室里制造了一个假的监狱。24 名志愿者被分成两组，每组 12 人，其中一组扮演狱警，另一组扮演囚犯，津巴多扮演典狱长。考虑到这个实验可能会发生一些无法控制的事情，于是在实验开始之前，志愿者们都签订了协议，同意在实验的过程当中失去部分的人权。

实验在刚开始的时候并不顺利，两组志愿者都没有能够扮演好自己的角色。美国 20 世纪 70 年代正是嬉皮文化流行的时候，蔑视权威成为年轻人追求的一种态度。扮演囚犯的这些人并不将狱警放在眼里，肆意妄为，有些时候还敢于挑衅狱警。而扮演狱警的志愿者同样也不能进入角色，他们之前都是普通的大学生，让他们出手惩罚其他人并不是一件容易的事情。在双方都不能进入角色的时候，第二天监狱就发生了一场小小的“暴动”。

在津巴多的引导下，狱警们开始逐渐地进入角色，他们开始利用各种各样的手段镇压罪犯，包括体罚，让他们睡在冰冷的水泥地上，让他们从事一些侮辱性的工作，等等。狱警进入了角色以后，他们开始变得越来越残忍，使用的惩罚手段也越来越激进，有些时候研究人员都不得不插手干涉。

在实验开始 36 个小时以后，一名扮演囚犯的志愿者就因为承受不了精神上的压力开始变得神经质，被迫退出了实验。48 个小时以后，囚犯组原本精神正常的志愿者们已经被扮演狱警的那些志愿者折磨得奄奄一息，精神濒临崩溃。

在扮演狱警的 12 人中，一位名叫约翰・维尼的最为残忍，他经常辱骂囚犯，有些时候甚至是动手。在他的影响之下，越来越多的狱警志愿者将虐待犯人当成了一种乐趣，一种理所应当的事情。就连扮演典狱长的津巴多也受到了某种程度上的影响，热衷于观看狱警虐待犯人的过程。

实验到了第六天，假的监狱已经和真的没有什么区别了。狱警们握有囚犯的生杀大权，肆意地折磨囚犯，津巴多的女朋友实在看不下去了，向津巴多抗议，终止了实验。

在这场实验当中，每一个参与者都不是坏人。他们在生活里品行端正，温文尔雅。但是在这座假的监狱中，路西法迷惑了每一个人，将他们变成了魔鬼的爪牙。

这个实验有着非凡的意义，在这个世界上，有谁是真正的好人吗？又有谁是真正的坏人？好人变成坏人需要多久？这个实验告诉我们，想要把一个好人变成路西法的爪牙，只需要不到7天的时间。

我们培养习惯同样如此，想要养成一个好的习惯，可能需要几个月的时间，并且还要有坚忍不拔的意志力。但是想要毁掉一个好的习惯，让坏的习惯扎根，几天就够了。

举个最简单的例子，有多少人曾经有过锻炼身体的习惯？为了自己的身体健康，想要锻炼身体，跑步，去健身房的人不在少数。有些人有足够的毅力，能够坚持几个月，甚至几年之久。不过毁掉这个习惯，却非常容易。

张铭是某通讯公司的中层管理人员，从他大学毕业就保持了一个习惯，就是夜跑。根据他自己的说法，他对夜跑已经达到了一种痴迷的程度，每天晚上不跑上一会，就觉得全身不舒服，哪里都不对劲。这个习惯他足足坚持了7年的时间，在这段时间里，他从一个普通的办公室员工做到了中层管理人员的位置。

就在我和他最近一次见面的时候，他告诉我他已经很久没有夜跑了，除此之外，我还发现他开始抽烟了。我问他究竟是什么促使他失去了一个好的习惯，多了一个坏的习惯。他告诉我，升职以后，他经常需要应酬，晚上没时间夜跑，吸烟的习惯也是在酒桌上学会的。他的答案让我非常惊讶，因为他升职不过就是这两个月的事情，于是我问他："在这两个月里，有过多少次应酬？"他想了想，告诉我说："五六次吧。"

我彻底折服于路西法效应的强大影响，仅仅五六次应酬的机会，短短的两个月时间，就能够改变一个人花费 7 年养成的好习惯，而增加了一个坏习惯。

路西法效应给我们的人生一个巨大的警示，所谓的好人和坏人，并非是一成不变的。当人受到环境的影响，好人也会变成坏人。而想要保持好习惯，远离那些坏习惯，不仅需要我们拥有毅力去约束自己的行为，更是要远离那些坏的习惯。有些坏习惯，可能只沾染了几次，就已经在你的心中"落地生根"了。

潜意识影响：模仿是一种本能

潜意识这个词最早是学者们在研究人类大脑的时候提出的一种概念，如果准确的描述潜意识，那就是已经存在于人们大脑中的意识，但是人们却不能认识它们，或者是还没有认识它们。即便我们并不知道自己的潜意识里有什么，或者是我们根本没有意识到自己的潜意识里有自己不知道的东西，这些都不会干扰潜意识对我们造成的影响。甚至可以说，潜意识无时无刻不影响着我们，是我们意识的组成部分，是被我们隐藏或者压抑着的意识部分。

潜意识对我们的影响如此巨大，但是我们却无法察觉自己的潜意识，只能被动地接受潜意识的影响。这种影响覆盖了我们的一举一动，不管是我们待人接物的方法，我们是如何看待他人的，甚至是我们自己的一些行为都会受到潜意识的影响。在我们成长的道路上，在我们懵懂无知的时候，潜意识会成为我们成长中对我们影响最多的东西，这主要源自于人类的模仿本能。

在我们小的时候，我们所学会的技能主要源自于模仿。不管是语言、行为还是看待这个世界的观点，都离不开模仿这件事情。那么，我们长大以后呢？事实上，人们不管在什么时候，都会不受控制地受到潜意识的影响，去模仿其他人。例如，在生活当中，我们说话的方式、措辞，会越来越接近我们觉得说话方式有趣的人，我们的措辞也会模仿其他人。如果你发现一个人说话的时候突然开始使用一些之前没有使用过的词语，那么在这段时间里，他必然是受到了另外一个人的影响。这种影响植根于他的潜意识，甚至他自己都不会发现，自己说话的方式有着巨大的改变。

有一个段子，女孩是如何发现自己的男朋友出轨的？因为她的男朋友在说话的时候开始使用一些过去不会使用的语气词，于是女孩查看了男朋友的微信，发现她的男朋友果然和另外一个女孩聊得火热，不自觉就学会了这个女孩的口癖。

模仿这件事情是我们的本能之一，我们最开始的知识和经验都是从模仿当中获得的。在模仿的过程中，我们感知这个世界，我们理解这个世界，我们触摸到了其他人的思维方式和看待世界的方法。

成年人身上同样存在模仿这件事情，班杜拉就曾经做过这样一个实验。他将志愿者分成三组，用来判断一个两难抉择的问题当中，人物的行为到底是不是正确的。第一组当中，没有为这些志愿者做出判断的榜样人物。第二组当中，有一个榜样人物，但是并没有强化他榜样的身份。第三组中，有一个榜样人物，并且实验人员有意地突出他的榜样身份。

在实验进行的时候，第二组和第三组的志愿者开始无意识地模仿榜样在两难实验中做出的判断，最终不管有没有强调榜样的身份，志愿者都会模仿榜样做出判断，第二组和第三组在两难实验中表现出的水平都比第一组要好得多。

在生活当中，这种模仿同样明显，在著名的“野外实验”中，成年人就展现出了他们无意识的模仿行为。这次实验设置了两种情景，第一种是一辆抛锚的车旁边有一位女驾驶员，正在等待有人帮助她；第二种是抛锚的车旁边有一位女驾驶员，而旁边有一位正在帮助她的男驾驶员。随后，实验人员对来往的2000位摩托车驾驶员进行了观察，结果在两种情景下，第二种下车帮助女驾驶员的人，比第一种情景的人多一倍。

模仿这一行为本身就根植于我们的潜意识当中，当我们身边有一些我们仰慕的人，或许是我们的朋友，我们的同事，我们的上司，我们就会情不自禁地开始模仿他的行为。或许我们并不喜欢这个人，甚至他的有些行为也是我们并不认同的，但是如果他是一个成功的人，一个生活条件让我们羡慕的人，我们就会不自觉地开始模仿他的一些做派。正是在这种情况下，我们一步步地、潜移默化地变成了那种我们过去最讨厌的人。

模仿这件事情并没有错，只有模仿那些成功了的人，我们才能更快地触摸到成功的途径。

我们如果想要获得成功，模仿就是一条捷径，走在前人的道路上，能够让我们节约大量的时间和成本。但是，如果模仿得过火了，一味地去学别人，那么你最终要面对的是一个比你基础更加雄厚，经验更加丰富的庞大对手，这就让成功逐渐地离你远去了。我们要摆脱潜意识的控制，把握模仿的程度，避免将捷径走成一条死路。

链状效应：原生家庭的罪与罚

链状效应，这是一种我们每个人从小就接触过的效应，甚至在我们还小的时候，就已经会对这种效应有一定的理解和切身感受。链状效应，简单来说就是近朱者赤，近墨者黑。是身边环境、身边的人对我们造成的一些潜移默化的影响。这种效应简单到可以用4个字来形容，那就是耳濡目染。

孟母三迁的故事我们每个人都听过，一个小孩，在他身处不同环境的时候，就会有不同的行为，有不同的喜好和做事的方法，这对一个人的人生影响是非常巨大的。一个孩子，如果将他放在一个每个人都专心学习的班级，那么他自然就会变得喜欢学习。而如果将他放在一个人人都不想要学习的班级里面，那么久而久之，耳濡目染之下，自然也就变得不喜欢学习。有的时候甚至不用上升到一个班级的程度，只要他身边前后左右的几个人不喜欢学习，他就会受到明显的影响。可见，链状效应在教育上有多么深刻的意义，对于一个人的成长经历有着多么重大的影响。

一个人从小到大，所受到的教育最多来自哪里？不是学校，而是我们的父母，是我们的家庭。在小孩的眼里，父母可能不如老师有权威，但是孩子生活中的习惯以及对生活的看法最多的却是从父母身上得来的。

父母是家庭重要的组成部分，但是我们每个人的一生当中至少会有两个家庭，一个是小的时候我们和父母共同组建的家庭，这个家庭就叫作原生家庭。而当我们长大以后，也会结婚，组建一个全新的家庭，这个家庭就叫作再生家庭。尽管我们的人生大部分时间都用在再生家庭里，但是原生家庭对我们的影响却是不可磨灭的，是伴随我们终生的。

原生家庭对于孩子的影响很大，但是人们却很少在乎这一点。很多时候，父母要求孩子学习知识，要求他们有良好的品德，他们自己在生活当中却完全是另外一个做派。当他们的孩子有样学样做出一些不好的事情来，他们就会大发雷霆，口口声声说："我不是告诉过你……"告诉，和言传身教，是截然不同的两种教育方式，而讲道理在言传身教的面前所表现的是如此的无力。

或许有人认为，等孩子长大以后，他们就会明白过去父母为他们讲的道理，就会按照道理来做事。这种想法不仅单纯，而且可笑。事实证明，大多数的人在成长以后，不管他们明白多少道理，他们所受到原生家庭的影响是潜移默化，不可能被抹除的。就连他们自己都不知道，自己为什么会这样。我们之前谈过，潜意识与模仿之间的关系。潜意识是我们所不知道的，但是当潜意识表现出来的时候，我们就会发现，就会明白，就会制止不好的行为。而链状效应所带来的影响，远比潜意识更加可怕，即便是已经意识到这是错的，即便是明确地告诉自己，不要成为这样的人，到了最后却仍然不能扭转这种情况。

几乎每个小时候遭受过家庭暴力，或者是在家庭当中没有得到正面反馈的孩子，都曾在心里暗暗发誓，自己将来不要成为一个这样的父母。那么，他们长大以后又成为一个怎样的人呢？

实际上，大多数小时候遭受过家庭暴力的孩子，他们长大以后组建了新的家庭，表现得并不比他们的父母好多少。在有家庭暴力的家庭中长大的孩子，他们将来执行家庭暴力的概率远远多于在普通家庭中长大的孩子。在普通家庭长大中的孩子，往往在小的时候并没有发下“以后不要做这样的父母”的誓言，他们却成长得更好。而那些发下誓言的孩子，长大以后的表现却往往不尽如人意。这就是原生家庭链状效所带来的巨大影响。

想要获得成功，想要成就一番事业，链状效应同样有用。美国硅谷就是链状效应最好的一个例子，硅谷之所以能够成为世界最大的科技研发中心，最大的高科技产业集中地，除了背靠斯坦福大学和伯克利大学加州分校外，更是因为这里在几家高科技公司入驻以后，已经形成了一种氛围，如果是从事高科技产业的公司，将地址选在硅谷，不管是前进还是后退，都会有更快的发展速度。

博傻理论：谁才是最后的傻子?

现代人生活得越来越好，手头的闲钱越来越多，但是却总是觉得缺钱。用钱生钱是最快的方法，因此各种投资、理财项目层出不穷。不过投资并不等于投机，投机可以让你一夜暴富，也能够让你一无所有，如果你投机成功了，只能说明有一个傻子接了你的盘，并且等着下一个傻子，这就是著名的博傻理论。

博傻理论来自大名鼎鼎的经济学家凯恩斯，他在 1919 年的时候借了几千英镑去做外汇生意，他的运气不错，几个月的时间他借来的钱就翻了一倍。任何一个人能够让一大笔钱在几个月内翻上一倍，都有很大的概率成为一个赌徒，成为一个投机者，凯恩斯也不例外。他将全部的钱投入了外汇投机上，甚至还借贷以增加投资。可惜运气没有一直眷顾他，几个月以后，他赔得血本无归。又过了半年，凯恩斯开始投资棉花期货，这一次他又赚了一大笔，也正是从这次交易当中，他发现了博傻理论。

博傻理论是投资心理学中非常重要的一个组成部分，符合这种理论的现象几乎每天都在发生。博傻理论主要是指，在资本市场当中，有些人会花费极高的价格去购买一些并不符合其价值的东西，因为他们预计，会有人愿意拿出更高的价格买下这些东西。在这个过程当中，不管购买东西的价值究竟是什么，只要有人愿意接下这些东西，他们就能从中赚到足够的钱。

在我们的生活当中，符合博傻理论的情况屡见不鲜，很多东西并不具备价值，而投资者购买这些东西的原因，只是为了用更高的价格卖掉。这种心态将投资变成了投机，将用钱生钱变成了一场危险的赌博。

一位经济学教授曾经对我讲述了这样一个故事，在中国大豆期货市场出现不久，就出现了很多不理智的投资和投机行为。价值并不高的大豆，价格被炒到了原本价值的十几倍，很多人将资本投入了进去，在短短的时间里获得了大量的回报。一个大学刚毕业的年轻女孩，凭借着几千块的本金，在不到一年的时间里，就赢得了1200万元的身家。当然，投机这件事情是不可能长久的，每个人都以为自己不会成为最后一个傻子，那么最后一个傻子是谁又有谁知道呢？那个赢得1200万元身家的女孩，最终又在大豆期货的市场中将投机得来的钱全部亏了进去。

在美国20世纪80年代，华尔街的投资市场上也出现过虚假的繁荣，在这段时间里，无数的投机客涌入股市，他们疯狂地将一些小公司的股票抬到一个天价，然后再脱手卖掉。那些成了最后一个傻子的人，只能看着他们高价买来的股票无人问津，疯狂下跌。就连这些小公司也受到牵连，最终迎接他们只有倒闭的命运。

股神巴菲特就非常痛恨这种行为，他直言不讳地表示，自己不会碰这种东西，因为这些东西是没有价值的，只有傻瓜才会去买。特别是当时的华尔街出现了大额债券，这种债券价格波动极快，当时很多人都觉得自己发财的机会来了，疯狂的购入大额债券，仿佛这些债券可以像黄金一样保值。巴菲特一眼就看穿这种债券存在问题，疯狂上涨的价格很快就会到达极限，并没有人们想象中的成长空间，很快这种金融泡沫就会破灭。巴菲特的合伙人面对巨额的利润都颇为动心，甚至有些人已经准备背叛公司，转向投资大额债券。

巴菲特为这种债券做出了定论，他表示，这种大额债券就是一种“傻瓜货币”，而只有傻瓜才会觉得这种东西会为自己带来财富，会让自己迎来春天。事实上，巴菲特的看法是正确的，虽然每一次他给人的感觉都是逆着投资市场而行，但是最终获利的都是他。大额债券的泡沫很快就破灭了，巴菲特没有做傻瓜，他成为股神。而那些认为自己不会成为最后一个傻瓜的人，纷纷破产，成为华尔街中无数朵浪花中的一员。

在我们的人生当中，总是会面临很多机遇和伪装成机遇的陷阱。比特币是这样，投机期货是这样，很多小城市中流行的资金盘更是这样。这些先入场的人，总是能够赚得盆满钵满，而那些后入场的人，总是觉得自己不会成为最蠢的那个人，即便他们入场晚了，但仍然能够从后来的人身上赚到钱。事实证明，这些投机的事情完全是一场赌博，有些人运气好，在泡沫破灭之前抽身而出，赚到了钱。而另外一些人，刚刚入场泡沫就破灭了，他们成了最蠢的那个人，拿自己的钱打了水漂。

这个世界上没有稳赚不赔的生意，更别说是赌博了。那些在赌博中永远都不会输的人，只有那些从来没有下场进行赌博的人。我们每个人都有侥幸心理，认为命运女神会对自己露出微笑。但实际上，赢家只有所有人都知道的那么几个。在进行任何投机行为之前，我们都要想清楚，博傻理论就放在那里，我们真的要下场吗？只要下场了，即便你不是最傻的那个，但你也做了一回傻子。

因果定律：一切都是可以追根溯源的

因果，是佛教哲学当中非常重要的部分，而因果定律，则是古代哲学家、心理学家苏格拉底提出的一个简单的定律。因果定律的概念就是，在我们的人生当中，每一件事情都有着其发生的根本原因。不同的原因会导致不同的结果，种瓜得瓜，种豆得豆。

我们每天所经历的事情，就是由无数个因果所组成的，也就是说，你做的每一件事情都在影响着自己的未来。总有一些人将自己的失败归咎于时运不济，实际上，运气仅仅是成功的一个影响因素，很少能够左右一个人是否成功。那些站在世界巅峰的成功者，如今的光鲜亮丽是他们在背后无数的努力和汗水换来的。所谓一分耕耘，一分收获，就是如此。如果你觉得你的人生不够成功，完全是因为运气的缘故，那么你应该检讨一下自己，是不是努力的不够。

《致命魔术》是一部非常深刻的电影，不仅结局让所有的观众都大吃一惊，其中更是有着非常深刻的哲理。片中的男主角不停地追求另一个魔术师消失魔术的秘诀，却始终找不到对方魔术的秘密。影片最后为我们揭晓了这个魔术的秘密，那就是魔术师并非只有一个人，一对双胞胎兄弟，硬生生地活成了一个人的样子。他们保证同时只有一个人出现在其他人的眼前，就连谈恋爱都只能轮流和一个女孩谈。正是这种可怕的牺牲，可怕的付出，造就了他们不能被他人揭破谜底的大魔术。

世界上的道理就是这样的，天道酬勤，你想要有所收获，那么就要有所牺牲。想要获得多少，就要牺牲多少。只要你肯努力，肯付出，肯挥洒你的汗水，那么你必定会收获自己想要的成功。你要获得金钱，那么你就要不停地寻找赚钱的途径。你想要获得权力，那么就必须从底层做起，逐步地走到自己想要的位置。世界上的事情就是这么简单，没有不劳而获。

最近刚刚辞去自己职务的李嘉诚就是因果定律的最佳体现，纵观李嘉诚的经历，几乎他人生的任何一次努力都没有白费，即便当时没有看见什么收益，但日后必然会因此获益。李嘉诚在茶馆做活计的时候，闲暇时间总是拿着卡片练习英语，后来他在香港蓬勃发展的时候，第一个考虑将国外的塑料花引入香港来。如果没有当时学习英语的见识，他也不会有想要出国考察一下的想法。在他做五金推销员的时候，总是走街串巷四处推销。他创办长江塑胶厂的时候，工厂出现了巨大的危机，如果不是靠他四处推销，他又如何化解当时工厂面对的危机呢？他人生每一次迎来巨大的转机，或是飞黄腾达，或是转危为安，这些果实是他在很久以前就种下了的。如果没有过去的努力，也就没有后来的成功。

或许成功距离我们还很遥远，眼前面对的是升职加薪的问题，这些问题同样与因果息息相关。看看那些工作多年却始终原地踏步的人，你看见了什么？他们种下了什么因？如果想要获得更多的工资，获得更高的职位，那么就必须要先耕耘，先努力地创造更多的价值，先去做更多的事情。只有这样，老板、上司，才会觉得你配得上更高的薪水，才能看见你适合更高的职位。如果拿多少钱做多少事，当一天和尚撞一天钟，那么你又凭什么升职加薪呢？升职加薪就是最简单的因果，先种下种子，努力地耕耘，然后等待收货就好。不肯努力耕耘，自然就不会有收获，世界上没什么天上掉馅饼的事情。

因果定律并非像其他心理学效应那样明显，但也并非是看不见、摸不着的，在自然界中，处处都体现着因果定律。对于我们来说，因果定律也是严重影响着我们生活的。因果定律主要体现在以下三个方面：

一、任何一次努力都不是无用功。机会总是得来不易的，很多时候机会来了，在我们做好一切去拥抱机会的时候，它却又走了。这个时候不要沮丧，我们的努力是不会白费的，总有一天，会在我们人生当中发挥作用。

二、种瓜得瓜，种豆得豆。世界上的每样东西都有其自身的价值，如果你想要得到什么东西，就需要付出多少的努力。这是一个必然的事实，是不以你欲望为转移的。如果你想要什么，拼命地去想，永远都不会得到。只有在你有欲望的时候，马上行动起来，为你想要的东西付出等价的努力才能够得到。

三、因果倒置，只能接受失败。不管是工作还是恋爱，总是有人觉得自己不够好，却又不肯改变自己。我认识的一位女律师，事业有成，却始终找不到男朋友。她身材略微有些胖，也缺少生活情趣，许多朋友都劝她应该在单身的时候增加自身的价值。她对此不以为然，总是说，如果有一天她有了男朋友，肯定有动力减肥，增加自身的价值的。事实上，增加自身价值，让自己变得更好才是因，获得一段好姻缘是果。这样因果倒置的想法，就是人某个方面始终不能成功的原因。

第五章

chapter5

生活为什么总是怕什么来什么，想什么没什么

小数法则：经验可贵，但并不意味着不会出错

小数法则，是由阿莫斯·特沃斯基和丹尼尔·卡纳曼提出的，人们对一件事情做出结论，不完全是凭着知识和理性，更多的时候是靠经验。这种非理性的想法，往往是错误的。经验不能代表理性的思考，不能代表知识，更不能代表现实。

请您回答一个问题：掷硬币的时候，掷出正面和反面的概率各是多少？在不需要精确计算的情况下，两面的概率各是 50% 是大多数人都会回答的答案。那么，如果一个人，在掷硬币的时候，连续掷出好几次正面呢？他会不会认为下一次出现的就是反面了呢？如果这个人得出了这种结论，我们会认为这是错的。但实际上，在其他类似掷硬币的事情里，人们会不假思索地将他们的经验当成是可以依靠的依据。例如，我们在影视剧中经常会看到投色子猜大小的画面，“已经连着十几把大了，这次肯定开小”，这样的台词更是司空见惯。那么实际上呢？不管是开了多少次大，下一次开小的概率仍然是 50%，一定开小这种事情，是不存在的。

我们在生活当中，会因为小数法则吃亏，特别是在进行投资的时候。许多人在分析该投资哪些股票的时候，凭借的不是该公司的经营状况，该公司股票的价值与发行价格相差多少，而是根据该公司股价的图表形状。很多所谓的专家，在传授炒股秘方的时候，也将这种方法挂在嘴上。这种方法简直是误人子弟，股票是一个统计样本非常巨大的数据，在这个样本规模之上，根本没有任何办法预测股票走势，股票走势是一个随机变量，面对这种规模的样本，预测的可能性早就无限接近于 0 了。

人们经常通过过去的经验来判断接下来会发生的事情，这其实是非常危险的。经验不能代表一切，有些时候甚至会欺骗你。某家食品公司，最近研发了一些种类的儿童食品，准备实验性地投放进市场，看看哪种销量好，就将哪一种作为主打产品。结果，A 产品的销额占了总销售额的 60%，B 产品的则只占了总销售额的 40%。商家决定，将 A 产品作为主打产品，大量生产，推向市场，结果却让他们大跌眼镜。这款产品并没有想象中的那样广受好评，反而在两个月以后变得无人问津。后来调查人员才发现，A 产品的销量之所以能够超越 B 产品，完全是因为 A 产品的名称与当时热播的一部动画片相关。

2017 年，世界顶级游戏公司任天堂发布了他们的全新主机，SWITCH。这款主机在世界范围内广受好评，创造了惊人的销量。任天堂作为20 世纪80 年代游戏世界的主宰，可以说是很少犯错误。很多游戏公司就是跟着任天堂混饭吃的，一旦任天堂有什么举动，他们就马上有样学样，TIGER 就是这样的一家公司。当时，任天堂不管制造什么，TIGER 都会马上做出仿制品，在他们看来，跟着任天堂行动，比自己去赌市场究竟喜欢不喜欢自己的东西要容易得多。

1995 年，任天堂推出了一款虚拟现实游戏机，VIRTUAL BOY，因为当时的技术限制，VIRTUAL BOY 不仅携带和使用非常不方便，而且只能表现一种单一的颜色。TIGER 公司认为，任天堂新推出的 VIRTUAL BOY，绝对会为游戏界带来巨大的革命。于是，他们按照 VIRTUAL BOY 的理念，设计出了一款名叫 R-ZONE 的游戏机，风格完全效仿 VIRTUAL BOY，要将屏幕贴在眼睛上，只有红色和黑色两种颜色。事实上，VIRTUAL BOY 遭遇了滑铁卢，R-ZONE 更是被许多知名评论人上升到了“刑具”的级别。

如今，无数的公司正在重复 TIGER 的老路。例如，在手机行业，新一代的 iPhone 总是能够成为行业的标杆，面世以后马上就有众多的公司开始模仿 iPhone 的功能，或者是外观设计。这种模仿是不分青红皂白、不明就里的。很多时候，苹果公司因为技术上的原因做出在设计方面的妥协，也被完全地效仿。

经验并不能代表一切，概率只能作为影响判断的一个标准，但绝对不能成为决定性的因素。我们想要获得成功的话，就必须认真地对待生活中的每一件事情。如果全凭经验来做事，与赌博并没有差别。随着时间的推移，更是会被整个时代抛在脑后。增加自己的知识，使用理性进行思考，才是成功的基石，才是让自己立于不败之地最好的武器。

稀缺效应：得不到的东西看上去总是更好一些

世界上什么东西最珍贵？是金钱？是权力？是名声？其实每个

人的心中都有属于自己的答案。事实上，能在人们心中生根发芽，念念不忘的东西，无非就是自己没有得到的那个。失去了才懂得珍惜，得不到的才是最珍贵的，人们被自己求而不得，或者是得而复失的东西充满了渴望。这主要是因为我们始终没有得到，或者是我们失去了的东西，我们才能真正体验到这件东西有多大的价值，所谓的稀缺效应就是如此。

稀缺效应是一件商业上的销售利器，很多商家开始使用稀缺效应进行营销活动。iPhone 在刚刚发售的时候，就采取了饥饿营销的营销模式，货物越是稀少，人们就越是认为这件东西是供不应求的，是真正的好东西。后续小米、魅族等国内手机厂商也都采用过饥饿营销的销售模式。正是利用这种供不应求、有价无市的假象，在相当长的一段时间里这些手机总是能有不错的销量。

当然，这种稀缺效应也不总是能够成功。把戏不可久玩，任何一种策略，使用得多了总是会被人们看出问题来。不管是多么稀少，人们最终也会找回理性，去寻找那些真正适合自己的东西。

既然稀缺效应在商业上有一定的价值，那么使用稀缺效应要注意什么，怎样才能更好地使用稀缺效应呢？有三点是我们在利用稀缺效应的时候需要注意的。

第一点，使用稀缺效应，必须要做好一定的铺垫。稀缺效应主要的原理是把握人们“物以稀为贵”的心态，但是只有稀少这个特点的东西，未必就是真正的好东西。想要获得人们的认可，之前的铺垫是必不可少的。例如，苹果公司在进行新一代的 iPhone 宣传的时候，总是会使用非常夸张的词语来进行宣传。“改变一切”“重新发明手机”“乔布斯遗作”等噱头层出不穷。正是在这种宣传下，人们才会对新一代的 iPhone 产生渴望，并且这种渴望在饥饿营销开始，想要购买却买不到的时候达到了一个顶峰。这个时候，一旦充足的货源上市，势必会引起抢购的风潮。

商场在促销的时候也经常会使用限购的方式。一种商品，先将其包装得惹人注目，宣传得让人好奇，最后在进行销售的时候却告诉大家，每人限购两件。到了这一步，大多数消费者都会认为这件商品肯定是好东西，如果不趁现在买，肯定要吃亏。实际上，这些商品最终都不会成为真正的稀缺产品，促销结束以后必定会大量地铺货。但是在限购的情况下，人们甚至会反复地来购买，一次两件，乐此不疲。而大量铺货以后，一次买一件可能都要看心情。

第二点，既然是稀缺的，那么势必要有明显的不同点。很多商家、品牌，都采用过限量、限购等方式来进行营销。但是购买的商品如果并不符合限量的特征，那么消费者就会有上当受骗的感觉，整个品牌的名誉都会受到影响。

其实，制造所谓的不同并没有什么困难的地方。拿 beats 公司推出的胶囊音响来说，有三种颜色供消费者选择，其中黑色与红色是普通款，粉色则是限量款。只是换了个颜色，价格就贵了不少，但是消费者仍然愿意为了仅仅换个颜色的产品买单。

金色和黑色往往会给人高贵的感觉，很多限量款的产品在使用上和普通产品没有区别，仅仅是换了个颜色，就马上能够身价倍增。作为一款限量的产品，不一定要和普通的有多么大的使用差别，但是一定要让人一眼就能够看出来这是限量的，满足人们的虚荣心，这样才能起到稀缺效应所应该造成的影响。

第三点，想要制造稀缺，那就必须要有稀缺的样子。人是有智慧的，是聪明的，但同样是好欺骗的。人为地制造稀缺，就是利用了人们的心理。但既然是稀缺，就要有稀缺的样子，否则恐怕只有非常健忘的人才会上当。

某品牌的洗发水曾经做过这样的一次营销，与各大超市展开合作，降价销售，并且每人限购五瓶。最终的结果让销售人员非常失望，销售量并没有达到预期的目标，很多消费者只是趁着便宜买了一瓶，更多的人对此无动于衷。对此，消费者给出的回答是，限购五瓶没有刺激他们的购买欲，买了五瓶洗发水要很长时间才能用完，即便是限购也没有必要买五瓶，买一瓶就够了。该公司马上改变了策略，在还没有开始促销的超市改变了限购数量，每人限购两瓶，于是几乎每个想要购买该品牌洗发水的消费者都买了两瓶。

两瓶和五瓶，这已经是稀缺和不稀缺的分界线了。限购五瓶则无人问津，而限购两瓶购买的人数就大大地增加了。

有些时候，稀缺并不是真正的稀缺，人造的稀缺同样有这样的效果。在生活当中，我们要擅于利用这种稀缺效应，也要理性去看待物以稀为贵这件事情。

控制错觉定律：一切尽在掌握之中

每个人都有自信心，只是多与少的区别而已。在一些小事面前，几乎每个人都认为，这件事情没什么大不了的，已经在自己的掌握之中了。

认为自己已经掌握了一切，是一种人类与生俱来的本能，这是一种对自己直觉的自信，而不是一种理性的判断。如果你面临困境，难以脱身，甚至要面对生命上的危险，你会将自己的命运交给谁呢？首先是自己，其次是自己信任的人，最后才是听天由命。这种自信，就是一种错觉，是一种与生俱来的重要的错觉。这种错觉可以在面对困境的时候让人坚强，给人力量，但是却也有可能引人走上一条错误的道路。

有一个例子，可以更加形象地说明控制错觉。心理学家们在一家公司里出售了大量的彩票，头奖的奖金高达 500 万美元，而每张彩票的售价是 1 美元。在接受测试的人里，有一半的人是自己选择购买的彩票号码，另一半的人是由卖彩票的人随机发放的号码。到了开奖的时候，心理学家们找到了购买彩票的人，试图从他们的手中将彩票买回来。自己挑选彩票的人显然更加不愿意出售彩票，他们开出的转让价格平均是 8.16 美元，而那些随机获得彩票号码的人，开出的平均价格只有 1.96 美元。这其中差价巨大的主要原因是，那些自己选择彩票的人认为自己更有机会赢得彩票的大奖。

事实上，一个偶然事件的发生，并不能依靠概率来做出判断。所以，不管是自己选择的彩票号码，还是其他人选择的彩票号码，甚至是一只猫所选择的彩票号码，中奖的概率没有任何区别。但是，一旦这件事情落到自己的身上，理性这件事情就会离我们而去，我们都会情不自禁地认为，自己所选择的号码拥有更高的中奖概率。彩票这件事情，完全是通过概率决定的，而那些自己选择号码的人，选择相信自己的直觉，不将自己的命运交给那些看不见摸不着的东西。

这个世界上，很多事情的发生并不像人们想象得那样理所应当。小概率事件的出现往往会出乎人们的意料，人们更多的时候将这种事情归咎为运气。在人们对这个世界的认知当中，有些事情是由运气控制的，而有些事情是自己能够掌控的。区分这些东西的最为重要的因素，就是人们的直觉。直觉会蒙蔽你的双眼，会让你做出错误的判断，会让你误入歧途，会让你丧失理性的思考。

许多人沉迷赌博，很多人更是觉得自己是赌场老手，对于赌博是非常有技巧的。他们有丰富的经验，有千奇百怪的理论知识，甚至有些人还觉得自己的技术没有问题，只是运气不好。实际上，任何一个不赌博的人都知道，赌博这件事情十赌九输。很多赌博的项目其实都是概率事件，在没有人为操纵的情况下，不管是谁下场进行赌博，只要牢牢记住规则，产生的结果都是不会变的。除非有足够多的采样，大量的计算，我们才能勉强得知究竟怎样获胜的概率能大一些，并且这种获胜的概率仅仅只能持续在今天这一天。

心理学家就赌博这件事情也做过实验，他们给大学生们一些钱，让他们投色子进行赌博，先是让他们在投骰子之前下注，而后又让他们在投骰子之后下注。事实上，在投骰子之前下注的大小要远远超过投骰子之后下注的大小。因为每个人在投骰子之前，都认为自己能够控制骰子，能够骰出更大的数字。而当他们投过骰子再下注的时候，事情的决定权就已经不在他们的手里，决定输赢的是下一个投骰子的人。他们认为，对方投骰子才能决定输赢的时候，自己不应该下太大的赌注。实际上，不管是先下注还是后下注，产生的结果都没有改变，但是因为他们认为事情不是由自己决定的，将大大地降低了他们的盲目自信。

在这个世界上，有很多事情是我们能够掌握和控制的。但也有很多事情，是我们永远都无法控制的。太过于想当然，太过于盲目的自信，只能让自己陷入控制错觉当中。直觉只是直觉，直觉代替不了知识，代替不了思考。我们做任何一件事情之前，都要有足够的客观理论作为支持，用自己的理性做出决定，而不是直觉。但是，凭借自己的直觉行事也不是一件彻底的坏事，有行动，就比没有行动要好。如果没有行动，将一切都交给命运，那么又如何能够成功呢？听天由命，有些时候看起来更像是坐以待毙的同义词。

瓦伦达效应：越是重视，就越是容易失败

你是否有过这样的经历，在进行一件非常重要的事情之前，你拼命地想着，自己不能失败，自己不能失败，最终所得到的结果恰恰是失败的。如果你有这样的经历，那么说明你也曾受到过瓦伦达效应的影响。瓦伦达效应：越是重视一件事情，那么这件事情就越是容易失败；越是在意什么东西，就越是容易失去。

瓦伦达是美国一位著名的钢索表演艺术家的名字，他的表演技巧非常高超，并且从来没有出现事故。他的表演生涯一直持续到他73岁高龄的时候，一次事故的发生，为他的表演生涯画上了不完美的句号。

事情发生在1978年，瓦伦达宣布即将退休，这场演出将是他的告别演出。正是在这场告别演出中，表演从来没出错的瓦伦达，在表演了两个难度很低的动作以后，就失足从钢索上掉了下来，当场身亡。他的妻子在事后的采访中说：“我就知道，他这一次一定会出事的。过去每一次在表演之前，他的心中只有走钢索这一件事情。而这一次，在开始之前他一直念叨着不能失败，不能失败。”

太想要成功难道不是一种好事？难道不是一种前进的动力吗？想要成功，就会想要做好事情本身，而过度地想要成功，注意力更多地会放在得失上。患得患失这件事情，总是会让人分心，让人无法集中注意力去做好事情。这种患得患失带来的心理压力，就被人称为瓦伦达效应。日本民俗文化中，有一种“言灵”的说法，认为那些总是想着不能失败的事情一定会失败的，因为你不停地重复了失败这个词，最终这个词语就会转化成力量，让你的事情失败。其实，这种朴素的民俗说法，何尝不是对瓦伦达效应的另一种理解。

瓦伦达效应所造成的影响过是不能忽视的，如果一个人没有强大的心态，过于在乎一件事情，仅仅是这件事情所带来的紧张就能够摧毁一切。熟能生巧这件事情是众多周知的，一件事情做得多了，即便你完全不去注意该如何去做这件事情，你的大脑和身体也会自动地做出反应。但是，在瓦伦达效应的影响下，即便是那些你已经做得非常熟练的事情，仍然会犯错。相信大家在上学的时候都参加过一些学校举行的活动，要求列成方阵接受学校领导的检阅。每当这种时候，总是会有人紧张得同手同脚。对于健全的人来说，每天走路是一件不需要思考、马上就能行动的事情。但是在瓦伦达效应的影响下，偏偏有些人连走路这件事情都不能做好。

很多运动员、演员、歌手，在初次上台的时候表现都不好，远不如他平时的表现，这就是瓦伦达效应的影响。一件做得熟练的事情，本来就不需要任何引导就能够做出来。但如果太在意这件事情到底能不能做好，那么你就需要重新思考该如何去做这件事情。在这种情况下，你的反应就已经不如自然而然带来的反应快，再加上紧张，反应就会更慢，你的表现自然是不尽如人意的。

日本著名的搞笑艺人松本人志在年轻的时候参加过一个比赛，在日本，艺人的比例本身就很高，想要出人头地是一件非常困难的事情。松本人志面对大量的竞争对手，凭借自己本领一路过关斩将，很快就杀进了半决赛。进入半决赛以后，他的心情发生了180度的大转弯，能够进入半决赛的都不是草包，他的竞争对手非常强大，而他特别需要获得这一次的胜利，拿到冠军，摆脱自己困难的生活状况。

在这种可怕的心理压力下，过去练习过无数次的段子，在比赛的当天却变得张不开嘴，结结巴巴，数次地背错了自己事先准备好的台词。松本人志已经绝望了，在他看来，自己已经没有机会战胜对手，这次比赛必败无疑。这个时候在他的心中只有一个想法，那就是表演好自己最后一个段子，不管怎么样，总不能在整个半决赛中，他的表现都如此地不堪。

放松心态背水一战的松本人志出人意料地发挥出了超常的水平，让全场的评委和观众都捧腹大笑，最终获得了半决赛的胜利。从那以后，松本人志就再也没有因为表演或者比赛的事情紧张。他说，自己本身就是一个搞笑艺人，只要将节目表演出来就好。在台上出丑并不可怕，一个丑角出丑不是很正常的事情吗？正是抱着这种心态，他才能够成为日本搞笑界的大腕。

患得患失是我们每个人都会出现的心态，越是在乎的事情，越是担心这件事情会失败。不过一味地担心，一味地注意并不是一件好事，太大的心理压力会让你失去自我，失去思考的能力。即便是已经能够信手拈来的事情，在巨大的压力之下也会出错。所以，越是在乎的事情，越是要在做好准备的情况下放松自己的心态，保证自己能够有最好的发挥。

蝴蝶效应：人倒霉的时候，怎么总是祸不单行？

1979 年 12 月 29 日，在华盛顿举办的美国科学促进会上，来自美国麻省理工学院的气象学家洛伦兹在演讲中解释空气系统理论时是这样说的：在亚马孙河流域的热带雨林中，一只蝴蝶偶然振动了它的翅膀，或许在两周之后，美国德克萨斯州就会迎来一场龙卷风。

这就是著名的“蝴蝶效应”。洛伦兹之所以会提出这样一个让人觉得“匪夷所思”的理论，还要从他的一次研究开始说起。那时，为了预报天气，洛伦兹用计算机求解仿真地球大气的 13 个方程式。为了让考察结果更加细致，他取出一个中间解之后又重新进行了计算。结果让洛伦兹大为吃惊：原本只是一个很小的差异，得到的结果却偏差了十万八千里！

这实在太匪夷所思了，事实上刚开始的时候，很多科学家都无法接受，认为洛伦兹的说法“违背常理”，明明是相近的初始值，带入确定的方程之后，得到的结果怎么可能有这样大的偏离和差异呢？然而事实就摆在眼前，根本无从辩驳。

我们所说的“失之毫厘，谬以千里”“千里之堤，毁于蚁穴”等古语实际上也是蝴蝶效应的一种体现。蝴蝶翅膀与远在千里之外的龙卷风、千里长堤与不起眼的蚂蚁洞穴，看似毫无关联，背后却有着千丝万缕的联系。是不是觉得很不可思议？但事实上的确如此。还记得 1998 年那场席卷亚洲的金融危机吗？还记得 2003 年那场波及全球的 SARS 吗？

生活中一切事物之间其实都有着微妙的联系，一个小小的决定，或许就能让你的人生发生翻天覆地的变化。比如，某天晚上你忘记设定闹钟，导致第二天没能按时起床，为了上班不迟到，你选择抄近路，结果不幸遇上抢劫，在警察局录口供的时候，你遇上了你的真命天子——如果没有这场抢劫，或许你永远不会去警察局，永远也不会认识那个人；再比如你原本要去赶一趟飞机，但因为晚起了几分钟，错过了一趟公交车，你不得不改签，乘坐下一趟飞机，结果不幸遇上了空难——如果你没有晚起那几分钟，或许也不会落入死神的手中……

世上的事情就是这样复杂，事物之间不仅仅有着微妙的关联性，甚至很多时候都会因为一个看似不起眼的触发点而演变成一系列的连锁反应。

李明是一家工厂的保安队长，一天晚上，他接到了保安小王打来的电话，告诉他说他的小舅子张伟骑摩托车撞在了工厂门口的消防栓上，现在已经送到了医院。张伟也是李明手下的保安，还是个酒鬼，常常会在值班的时候偷溜出去喝酒。不用问，这次肯定又是喝多了，才出了车祸。

李明赶到医院的时候，张伟的伤已经基本上处理好了，没有什么大问题。可没想到，不一会儿，保安小王又打了电话过来，惊慌失措地告诉李明，厂办公室的门被人撬了，就在他送张伟来医院的时候。

一听这消息，李明顿时蒙了，这还真是祸不单行啊，怎么偏偏在这种时候出事，要是被领导知道了，肯定得追究责任。就在这时，李明突然灵光一闪有了主意。他告诉小王说：“你记住，以后甭管谁问你，你都一口咬定，说你和张伟值班的时候见到几个贼来偷东西，双方发生了冲突，他们人多，把你们给打了以后就跑了。”

原本李明想得很好，这样不仅能够掩盖小舅子值班时候偷喝酒的事情，还能顺便以“工伤”的名义把医药费给报销了。至于那小偷，哪有那么好抓的。

可偏偏没想到的是，这事才刚谎报完，公安局那边就来了消息，说盗窃的人已经落网了，是一个瘦弱的中学生……

最终，李明、张伟和小王都丢掉了工作，离开工厂的时候，只听李明还在万分郁闷地念叨着：“怎么就偏偏那么背呢……这人倒霉的时候，还真是喝凉水都塞牙……”

中国有句老话：“福无双至，祸不单行。”这一点许多人在生活中都深有体会，有的时候，人的运气就好像真的有惯性似的，一倒霉起来，所有的坏事就都接踵而至。为什么会出现这种情况呢？难道仅仅只是种巧合？

当然不是。张伟酗酒出车祸，办公室被盗，李明丢掉工作，这一系列的倒霉事件很显然并非是完全没有关系的。如果张伟不酗酒，那么他未必会出车祸；如果没有这场车祸，那么保安小王必然不会离开岗位；如果保安小王没有离开，那么办公室未必会被盗；如果盗窃事件没有发生，张伟也不需要撒谎……瞧，蝴蝶效应就是这么神奇，那些看似没有关联的事情，正是通过这样一个个看似微小的触发点联系起来的，最终引发了“龙卷风”。

要想杜绝蝴蝶效应的影响，将“倒霉”扼杀在萌芽阶段，有两点是我们必须记住的：

第一，懂得未雨绸缪，不要抱有侥幸心理。

在做任何事情的时候，都不要因为懒惰而故意忽略一些看似微小的问题，很多时候，正是这些看似微不足道的小问题，导致了大灾难的发生。

第二，摆正心态，保持理性。

人在遇到倒霉的事情时，情绪和心态必然会受到影响。而在情绪和心态不佳时，做事情的效率和质量自然也会受到影响。这就是为什么很多时候，越是倒霉，我们就越容易出错，然后让自己更加倒霉。

所以，无论何时，摆正心态，保持理性都是非常重要的，只有做到这一点，我们才能在蝴蝶效应发生威力时及时止损，避免让错误扩大化。

中篇

墨菲定律告诉你：

成功的事业缘何从未青睐于你？

Murphy's law

第六章

chapter6

墨菲定律背后的成功秘诀——放下侥幸

杜根定律：成功得从相信自己开始

美国职业橄榄球联会前主席 D. 杜根说过："最终获得胜利的人，未必是那些强大的人。只有那些拥有信心的人才能成为最后的胜利者。"这就是杜根定律的由来。

自信心决定了一个人能成功还是失败，不管在任何时候，一个经常问别人，问自己能不能行，能不能做到的人，都是缺少自信的人。从心理学的角度来说，这是一种强烈的心理暗示，在问出这个问题的瞬间，他在心里其实已经肯定了自己不行，不能面对自己需要解决的问题。这种人在人生当中很难找到属于自己的成功，因为他们还没有踏上通往成功的道路，就已经在害怕失败，已经担心自己失败以后会发生什么事情了。

那些不断地告诉自己，我能够成功，我一定可以的人，他们也在对自己进行心理暗示，他们告诉自己是能够解决自己面对的一切问题的。正是这样的人，才能无所畏惧地面临每一个困难，才能将自己的能力发挥得淋漓尽致，最终走上成功的道路。

我们每个人都是有价值的，而我们价值的体现就是我们的思想和行为。如果我们缺少自信的话，那么究其根本就是在否定我们自身的价值。如果连自己的价值都否定了，那么就完全失去了实现自己价值的方向。

埃隆·马斯克是硅谷炙手可热的明星，他的未来让人看不到极限在哪里。他第一次创业的时候，想的就是世界上前所未有的行业——网络银行。网络银行这个想法在马斯克的脑子里早就存在了，之前人们做生意是一件非常不方便的事情，即便谈判的时候只用了3分钟，生意完成等待转账的时间可能要3天之久。正是在这种情况下，马斯克提出了网络银行这个想法。他的想法打动了投资人，并且拥有了一众的合作伙伴，他们共同创立了PayPal。不过事后马斯克谈起这件事情的时候表示，在他向投资人滔滔不绝地吹嘘网络银行有什么优点，要胜过传统银行多少的时候，他自己脑子里对于网络银行这个东西还没有什么概念。能够支撑他的力量就是他的自信，他相信自己的想法是正确的，相信自己的才能能够实现自己所说的话，正是他的自信打动了投资人。

如果说PayPal是一个伟大的作品，那么SpaceX就是具有划时代意义的壮举了。在马斯克之前，也有很多有太空梦的名人将他们的资金投入个人航天事业中去。但是，他们有些知难而退了，有些则因为失败而倾家荡产。埃隆·马斯克做到了，他成功地将他的猎鹰火箭送上了天，即便经历了无数次失败。他在做这件事情之前，几乎是没有人看好他的，毕竟这件事情的投入是非常巨大的，并且需要大量的人力、物力，失败的可能性超过了成功的可能性。

或许人们都看见了马斯克的成功，却没有看见他在失败时所面对的压力。SpaceX 的成功不是一朝一夕的事情，埃隆·马斯克经历过数次的火箭发射失败，每一次的失败损失都高达上千万美元。正是马斯克必胜的信心，才将 SpaceX 维持到了成功的那一天。如果在整个过程中，他有过一瞬间的不自信，一瞬间的退缩，人们也不会看到 SpaceX 所创造的奇迹了。

世界上并没有哪个人从出生开始就能够做好每一件事情，我们想要成功，那么就必须要相信自己最终能够成功。如果碰上一点障碍、挫折、困难，就失去了自信，认为自己不能成功，那么不能成功这件事情就真的成真了。美国总统林肯本身就是个不成功的演讲家，他屡次地失败，屡次地参加竞选，不停地磨炼自己，最终成了一个幽默风趣的伟大演讲家。这就是源于他对自己的自信，即便是他最开始的时候没有做好，仍然相信自己有一天可以成功。

周星驰说，人如果梦想和咸鱼有什么区别。人们在追求梦想的路上，最大的阻碍就是不自信。不自信，就代表自己所学习的知识都是无用的，自己所获得的经验都是虚假的，自己过去的成绩都不是凭着自己的能力获得的。如果我们想要成功，那么就必须自信，自信就是成功的第一步。只有自信，才不会让自己人生当中所有的努力付诸东流。

内卷化效应：人生如逆水行舟，不进则退

20 世纪 60 年代的时候，美国文化人类学家克劳福德前往印度尼西亚的爪哇群岛进行研究。他发现那里的人们仍然保持着一种原始的生活方式，茹毛饮血、刀耕火种。这件事情让克劳福德非常的

好奇，究竟是什么让他们不管是从生活方式还是思想都维持着千百年前的样子呢？回到美国以后，克劳福德将他的研究结果写成了一份报告，将这种原地踏步的状况称为内卷化。

内卷化效应非常简单，说的就是人们没有动力前进，不断地重复眼前的生活。爪哇人之所以文明和社会的发展都陷入了内卷化不是没有道理的，爪哇岛土地肥沃，物产丰富，他们从来没有感受到生活上的压力，也不知道外面的人究竟过着怎样的生活。他们不管怎样生活，都是维持自己过去的生活水准，他们没有需要，更没有想法去改变自己的生活状态。

内卷化效应不仅体现在这些无欲无求、生活在过去的人身上，在我们身边内卷化的现象也是层出不穷。就如同一句话所说，有些人明明是在原地踏步，却告诉自己平凡可贵。

南街村这个名字相信不少人都听说过，不管是南街村品牌的产品，还是过去创造的亿元红色村的神话，都让人们对这个小小的村庄有着深刻的印象。南街村在 1990 年到 1991 年期间迎来了飞速的发展，他们利用银行贷款作为本钱，投入了改革开放的浪潮之中，没多久就创造了第一个亿元村的神话。

到了 20 世纪 90 年代末，南街村已经成为人人都想去的一个地方，那里号称人人都“富得不用钱”。不管是生活、教育、医疗还是交通，都不需要花费一分钱。不仅如此，南街村集团还为国家创造了巨大的经济效益，南街村集团旗下拥有方便面厂、啤酒厂、调味品厂、印刷厂等多个企业，为国家创造了上万个就业岗位。随后，南街村还开发了旅游业，各种红色旅游项目加上南街村本身的名声，让前来南街村的游客络绎不绝。

但在这种情况下，南街村却出了问题，南街村陷入了内卷化的问题。太过安逸的生活，让所有人都忘记了这个世界是存在意外和危机的，是不断变化的。如果跟不上时代的变化，只原地踏步，早晚要被时代所淘汰。南街村就面临着这样的难题，他们的产品开始故步自封，没有根据时代的发展不断进步。于是，从 2003 年开始，南街村不少企业的效益开始下降。到了 2008 年，这个全国著名亿元村居然负债高达 17 个亿。

幸好在这个时候，南街村人醒来了，他们开始着眼外面的世界，他们开始增加自己产品在市场上的竞争力。这样他们的经济再次进入了一种良性循环，短短两年的时间他们就还清了 13 亿元的债务。

南街村的故事向我们展示了，在这个时代，需要不断地前进。如果不前进，那么要面对就只有后退。在我们身边同样有着大量陷入内卷化的人，他们工作的态度就是应付，即便是自己有能力，却也不愿意改变自己的生活状况。他们没有上进心，对生活走一步算一步。如果没有意外发生的话，他们可能会风平浪静地混过自己的一生，但是意外总会发生的。就会如同爪哇岛上的居民会被工业化地区的人发展，那些在自己工作岗位上混日子的人早晚也会被那些眼馋他们位置的新人盯上。

我们想要避免内卷化效应，那么就必须要不断地奔跑，不管是在成功的道路上还是人生的道路上。那些弱小的羚羊，如果不肯奔跑的话，早晚会成为狮子和猎豹口中的食物。强大的猎豹和狮子同样也需要奔跑，如果它们不奔跑的话，那些羚羊就会成为愿意奔跑的野兽的食物，而它们强者的地位早晚有一天也会被取代。那些不肯前进的人，早晚要被那些不断进步的人所取代。只有不断告诉自己，人生当中总是存在意外和危机的，才会有不断向前的动力。

••• 奥卡姆剃刀定律：别把时间浪费在繁复的流程上

在公元14世纪的时候，英国的修士奥卡姆的威廉在他所著作的《箴言书注》中提出，如果没有特殊的必要，就不要增加实体。这个理论被剥离出来，成为现代经济和企业，甚至国家与宗教进行改革的一个重要理论——奥卡姆剃刀定律。简单地概括来说，如果没有必要的话，越是简单的东西，就越是好的。越是复杂的东西，就越是会让人感到疑惑，越是容易出错。

那么，奥卡姆剃刀定律是否正确呢？这一点是毋庸置疑的。有无数的人通过自己的亲身经历证明了这一点。很多企业在发展的过程当中，根据需要不断地增加部门、增加员工，结果很多简单的工作变得复杂了，一件事情甚至要跑上三四个部门才能解决，大大降低了工作效率。如果能够合并几个部门，那么工作效率将得到极大的提高。

画蛇添足的故事我们都听过，原本简单的东西，如果为了一些莫名其妙的理由变得复杂了，那么好事也就变成了坏事。马克·吐温先生的一个故事就能很好地说明这一点。

马克·吐温在回答一位年轻人的关于演讲长度的问题时，讲了这样的一件事情："有一个礼拜天，我去教堂做礼拜，正好赶上一位传教士想要让人们为非洲的传教士捐款。他在整个过程中讲述了很多非洲传教士的艰苦生活，他的语言打动了我，我决定为这个有意义的事业捐赠50美元。而就当我下定决心的时候，他还在滔滔不绝地讲着，他讲了10分钟以后，我决定将我的捐赠数额减少到25美元。而他在讲了一个小时后，才拿起容器走向听众，到了这个时候，我已经连1分钱都不想捐给他了。”

这件事情很好地阐述了奥卡姆剃刀定律，如果你能够用短短的几句话就将一个事情描述清楚，那就不要用一个小时的时间来讲。那些空泛的大话，只能让人感到厌恶。

iPhone 的成功也与奥卡姆剃刀理论息息相关，在 iPhone 出现之前，各大手机厂商每年都要推出几款不同的手机机型，这些手机大同小异，但是每一款手机都有自己生产线，无疑是大大地提高了生产成本。iPhone 不一样，在大多数时候，iPhone 每年只会推出一款手机，这不仅节省了成本，更是能够让他们将一年之中所有的时间和精力集中在开发一款产品上，将这款产品打磨成为手机当中的艺术品。

在生活当中，因为将简单的问题复杂化，最终失败的例子也并不罕见。

在一场篮球比赛中，有两支队伍实力相当，从比赛开始比分就一直胶着，并且这种情况一直持续到了比赛快要结束的时候。距离比赛结束的时间还有 35 秒，球权在乙队的手中。就在这个时候，乙队球员的传球发生了失误，被甲队的王牌球员抢断了。这位王牌球员只要投入这一球，胜利十有八九就属于他们了。就在他遥遥领先乙队球员几个身位的时候，他决定用一个精彩的进球结束比赛。只见他高高地跃起，打算来个灌篮。没想到，40 分钟的比赛消耗光了他的体力，他没有灌进去。弹出的篮球落在对方球员的手里，在甲队所有球员猝不及防的情况下，攻进了最后一球，赢得了比赛的胜利。

试想一下，如果甲方的王牌球员肯踏踏实实地采用最简单的方法将篮球放进去，那么这场比赛最终的胜利者可能就是他们。但是，他偏偏将这件事情复杂化了，最终导致了比赛的失败。

不管做什么事情，我们都不要将简单的问题复杂化。能够一步到位，就尽量一步到位，越是复杂，就越是容易出现问题。多米诺骨牌之所以迷人，就是因为完成一个复杂的、环环相扣的东西是非常艰难的。想要完成一次大型的多米诺骨牌，需要上百次的实验。而如果是简单的多米诺骨牌，例如5块，那么势必就能轻易成功。我们做事，并不需要光彩夺目，也不需要激动人心，我们所需要的是最后的成功。在这个世界上，成王败寇永远是不变的真理。

波特法则：独特的定位，独特的成功

波特法则是哈佛大学商学研究院的著名教授迈克尔·波特提出的。迈克尔是当今世界上最有影响力的管理学家之一，他认为，想要防止完全竞争，最有效的途径就是从根本上阻止战斗的发生。而波特法则所诠释的也正是如此：最有效的防御，就是从根本上阻止战斗的发生。

然而，人生在世，不管做什么事情都不会缺少竞争，有竞争就免不了有战斗，那么，我们又该如何做，才能从根本上阻止战斗的发生呢？归根结底关键还在两个字上——定位。

每个人在这个世界上都有属于自己的定位，只有找到了自己的定位，才能找到成功的道路。世界上没有完全相同的两个人，但是两个人的定位却可能完全是相同的。在一场战争中，会有士兵，会有中层军官，会有将军、司令员，这就是每个人不同的定位。那些定位独特的人，定位无法被他人取代的人，更有可能取得成功，并且将这种成功长久地保持下去。

苹果公司就是一家拥有独特定位的公司，iPhone 所使用的 IOS 系统，是世界独一份，是其他人无法取代的，只要想使用 IOS 系统，那么选择就只有 iPhone。正是因为这独特的特点，苹果公司才拥有大量的忠实粉丝，即便是 iPhone 的新产品可能不尽如人意，这些人也只能选择其他型号的 iPhone。

埃隆·马斯克的特斯拉电动车，开创了一种全新的汽车。在这之前，不是没有人提出过环保车辆的概念，在特斯拉打响了自己名气以后，不是没有人进行过模仿，但是他们都失败了。即便所有人都知道，未来这种电动环保并且搭配了智能系统的汽车才是主流，但是仍然没有人能够做到跟特斯拉并驾齐驱。这不是因为他们发展得晚了，而且他们缺少特斯拉独有的电池技术。其他公司的环保车，大多是以混合动力为主，没有办法完全采用电池供电。只有特斯拉，雇用了大量电池方面的工程师，经过无数次的实验，才制造出了一种能够为汽车稳定提供动力的电池。

波特法则对于想要成功的人，是有着非常重要的启示作用的。整个法则当中，最为核心的内容就是，如果你没有竞争对手，那么你就不需要打任何的防御战，从根本上阻止了战争地方发生，断绝了没有必要的消耗。在商场上，如果你能够拿出一个其他人都没有的点子，那么你成功的概率就比其他人要高了。如果你能够制造一款其他人不能制造的产品，那么你盈利的概率就比其他的公司要高。当然，身在职场的每个人都有着自己的特点，如果能够做到无可取代这一点，那么你成功的概率也要超过其他人。

老张是北京某乐器经营公司的管理人员，他和公司成功的经历都离不开波特法则。这家公司的规模并不大，所有的员工加起来还不到 50 人，但是每年的利润却有上亿元，这主要是因为这家公司掌握了国内唯一一条打击乐器进货渠道。上到琴行、学校、娱乐场所，下到每一个消费者，只要想购买世界知名品牌的打击乐器，都得和这家公司打交道。在其他的公司都在拼命地代理钢琴、电子琴、吉他的时候，这家公司选择了代理打击乐器，就是这样一个独特的决定，让他们的公司开始了疯狂的发展。短短几年里，就成为一家旱涝保收，效益颇丰的公司。

老张在这家公司的晋升历程同样独特，他最开始的时候不过是一个普通的销售人员。生活虽然安逸，但是老张却对现状并不满足。由于公司的员工较少，所以销售人员往往还兼职处理一些麻烦的事情，比如，刚刚入职半年，老张就有两次帮公司招聘临时的日语翻译。老张很好奇，既然公司总是要用日语翻译，为什么不招聘一个全职的呢？公司的领导告诉老张，这些日本的公司来经销公司视察，一年不过四五次，招聘一个全职的翻译太不划算了。

老张将领导说的话记在了心里，闲暇的时候他就开始学习日语，结果在一年以后，他就学会了基本的商务用语和生活用语。有了老张，公司就再也不用招聘日语翻译了，而老张也因为他的独特技能，成了领导关注最多的员工。

一个员工不多的公司，本来已经不再需要增加管理人员了，但是老张凭着自己独特的定位和工作方面的努力，硬是被他挤出了一个位置。

“下兵伐战，中兵伐交，上兵伐谋”，“不战而屈人之兵”，这都是古人留给我们的智慧。任何一场战斗的胜利，都是要付出巨大代价的。如果可以的话，不战而胜才是最好的结果。我们在生活当中同样如此，如果能够找到自己独特的定位，让自己成为那个无可取代的人，那么胜利就近在眼前。如今，我们已经迎来了一个行业同质化严重的时代，但是想要在小范围内取得成功，那么也并非是不可能的。只要建立自己独特的定位，总是能够有所收获的。

小杨在家乡开了一家糕点店，生意始终不咸不淡，没有什么起色。小杨有个朋友叫张恒，是一家公司的市场部经理。小杨常常会向张恒诉苦，并不时向他请教一些经营方面的策略。有一次，张恒恰好要到小杨所在的城市出差，他便决定亲自去看一看，为什么小杨的糕点店始终没有起色。

抵达小杨所在的城市以后，张恒马上就找到了问题的根源，虽然这座城市不大，消费能力也不高，但是糕点店却不少。每天小杨都要面对大量的竞争，有些是来自传统的连锁店，还有一些是和他一样的个体店主。这些店里所售卖的糕点种类基本相同，小杨告诉张恒，在这种小地方，定价太高是不会有人消费的。张恒说:“你现在就开始改变你的糕点种类，去大城市找那些比较精致的种类，搬回你的店里来，哪怕味道不太一样也不要紧。你的店实在是太缺少特色了。你没有特色，如何和那些资本雄厚的连锁店竞争呢?”

对张恒的话，小杨将信将疑，但最终还是前往省会学习了几样当地没有的糕点，拿到自己的店里售卖。虽然这些糕点的价格较高，他也刚刚学会，还在形似神不似的阶段，但是马上就有不少人对这种很少见到的糕点产生了兴趣，让他的生意好了不少，并且还有了很多的回头客。从那以后，小杨每隔一段时间就去学习一种本地没有的糕点，不管味道如何，只要是少见的就好。如今他的经营状况可谓是蒸蒸日上，因为想要吃到这些新东西，只能来他的店里。

人要有自己独特的个性，才不会被人取代，成功也是如此。世界上的人有无数种，形形色色的人自然就有形形色色的喜好。一味地去追逐流行，去满足大多数人的爱好，不如想办法做出自己的特色，只服务少部分人。如果只有你一个人能够满足这部分人的要求，那么成功就成为你独特的一种必然。

蘑菇定律：挨得住寂寞，才开得出花朵

在 20 世纪 70 年代，互联网刚刚出现，还没有发现成为如今的庞然大物。个人电脑也没有普及，各种应用软件也没有大面积地销售。这个时候，电脑程序员并不是一个高薪的职业，他们并不受到重视，每天都躲在一个阴暗的角落里，不声不响地编写着自己的代码。但是，只要努力就不会始终无人问津。当某个程序员编写出一个巧妙的程序时，就是他飞黄腾达的时候。而之前，他在阴暗角落里的那段时间，就被称为是“蘑菇时期”。

蘑菇定律就是这样的一个意思，那些在阴暗的角落里，得不到阳光雨露滋润的人，并不会停止自己的成长。当他们默默无闻地成长到能被人们看见的时候，就是他成功的时候。那些步入职场的年轻人，只有少数人能够一鸣惊人，其他的大多数人都需要度过自己的“蘑菇时期”，即便是如今功成名就，甚至是登上福布斯排行榜的人也不例外。

史蒂夫·乔布斯是苹果公司的联合创始人之一，他为人们带来了无数伟大的产品，iPod、iPhone，iPad 如今更是风靡大街小巷。有人说乔布斯是个不世出的天才，也有人认为他是个傲慢的狂人，不管是哪一种，乔布斯是成功的。他不仅是在事业上取得了成功，他的一生也是跌宕起伏的。他的身世、他的爱情，这些工作之外的

事情也被人们津津乐道着。就是这样一个看起来有无数故事的人，也有过当“蘑菇”的时候。

乔布斯成立苹果公司的时候是 1976 年，但是他的第一份工作是在 1974 年找到的，他加入了 20 世纪 70 年代在世界有统治地位的游戏公司雅达利。刚刚进入雅达利的乔布斯给人的印象并不好，他经常一身嬉皮士的打扮，为人态度傲慢，做的却是公司当中最为普通的工作，时薪只有 5 美元。同事们并不喜欢和他一起工作，为了避免乔布斯影响其他同事的心情，他的主管甚至将他安排在夜里进行工作。

乔布斯在这个时候像不像我们所说地蘑菇呢？在阴暗的教角落里，没有人注意，自己汲取营养，拼命地成长着。乔布斯从雅达利获得了成长与灵感，这是不可否认的。特别是乔布斯直言不讳地表示，自己发明的 PC 就是从雅达利的游戏机获得的灵感，因为当时的雅达利游戏机已经开始使用微处理芯片了。相信如果没有那两年做“蘑菇”的经历，也就不会有后来的乔布斯和苹果公司。

并非每个人都是天才，绝大多数人在离开学校步入社会的时候，都需要一些时间来让自己成长。在这段时间里，默默无闻，不受人重视，是一条必经之路。开公司、做企业同样如此，一步步脚踏实地地成长，也是成功必然要经历的一段过程。但是，也不是所有的“蘑菇”都能够安然长大，都能够成长到被人看见的那一天。那么，要如何成为一个有前途的“蘑菇”呢？

首先，想要成为有前途的“蘑菇”，耐心是必须要有的条件。有耐心，是一件说起来容易做起来难的事情。很多年轻人进入职场，或者开始创业的时候都是怀抱着属于自己的一套想法、一套理论的。在他们的世界里，自己是怀才不遇的，只要按照自己的想法来行事，肯定就能取得成功。

一个初出茅庐的年轻人，来到公司一两个月以后，就来到领导的面前，告诉领导公司存在怎样的弊端，必须要如何进行改革。或者是指责自己的上司或同事，认为他们做事的方法有问题。这样连公司是如何运转的都没有看清，就敢跳出来的年轻人，最终迎来的结果都是辞退，无一例外。相信这些被辞退的年轻人在多次经历这种事情以后，也会沉淀下来，安安稳稳地当一个“蘑菇”。当他们看清楚公司是如何运转的以后，就会明白自己当年的想法是多么地单纯了。

其次，“蘑菇”的成长是需要“营养”的。世间万物的成长都离不开营养，“蘑菇”也不例外。如果想要摆脱无人关注的状况，那么就必须快速地成长，成长到任谁都无法忽视你存在的地步。而大量汲取营养，就是成长的关键。我们不是真正的蘑菇，成长并不需要阳光雨露的滋润，我们需要的是经验和知识。

获得经验与知识的途径有很多，想要获得经验，那就多看前辈是如何做事的，多去想为什么这样做，而不是躲在角落自怨自艾。经常充电，多看多学多问，都是让自己获得营养的好办法。

如果觉得自己成为“蘑菇”就没有前途了，或者觉得自己不喜欢现在的工作，打算跳槽，不管出现哪种情况，都不应该停止对营养的渴求。不管是在哪个公司，不管是在哪个岗位上，多学习，多汲取营养，总是没错的。

最后，不想永远做“蘑菇”，那就要让人知道你的价值。世界上的每个人都是有价值的，因为每个人的性格、每个人的才能都不相同。一个公司当中，需要各种各样的人才能维持运转，就如同一片森林需要各种各样的生物才能有一个完善的生态圈一样。如果你有工作之外的才能，能够做一些你职责范围之外的事情，千万不要吝惜你的精力，不要有拿多少钱干多少事的心态，只有这样，你才能摆脱“透明人”的位置，不再当一个“蘑菇”。

成为“蘑菇”，不是天塌下来一样的坏事。枪打出头鸟，成为一个默默无闻的“蘑菇”，对于刚刚进入职场，或者刚刚进入市场的公司来说反而是一件好事。当你还是个“新兵”的时候，对一切都不了解，不管是熟悉环境，还是其他的事情，你都需要大量的时间。而成为“蘑菇”，将自己的存在感降低，就有足够的时间去观察你想要观察的东西，去了解你想要了解的事情，这是一种保护。当你汲取了足够的营养的时候，你才能做到厚积薄发，一鸣惊人。

第七章

chapter 7

职场拼杀：到底是做精明人还是老实人？

青蛙法则：一偷懒就遇到老板，是倒霉还是……

19世纪末，美国康奈尔大学的研究者做了一个实验：实验者准备好一口大锅，里面装满沸腾的水，之后把一只青蛙扔进大锅里。青蛙一接触沸水，立即一跃而起，跳到锅外。随后，实验者又把这只青蛙扔进一口装满凉水的大锅中，只见青蛙自由地游动着，就好像在池塘里一样。然后，实验者慢慢地用小火加热，虽然水温逐渐地升高，但青蛙却没有任何反应，直到高温实在难以忍受想要跳出的时候，青蛙已经失去了跳跃的能力，最后只能被活活煮死。

为什么会如此呢？因为当青蛙被扔入沸水的时候，为了活命便立即做出反应，跳出大锅。可当他被扔入冷水的时候，忍失去了警觉性，只顾着享受自由游动的快乐。在水温慢慢升高的过程中，青蛙已经逐渐适应了温度的变化，认为这样的环境还是非常舒适的。正是因为它对水温的升高放松了警惕，没有及时做出反应，所以才失去了最佳的逃生时机，最后想跑也跑不了了。

实际上，在之后的一百多年内，很多人重复做过这个实验，有的青蛙及时做出了反应，跳出了热水，而有的青蛙则麻木地等待死亡。可不要认为这就说明了“温水煮青蛙”的结论是错误的，这些实验更准确地证明了这样的道理。因为凡是能够逃生的青蛙有一个共同点，那么就是实验者加热的速度过快了，使得青蛙还没有来得及放松警惕，就感觉到了水温的上升。而被煮死的青蛙则是经历了缓慢的加温过程，由于水温升高的速度太慢了，青蛙的意志力和警惕性逐渐被消除。

1872 年，一个名为亨滋曼的人做了一个更精确的实验，他花费九十分钟的时间把水从 21 摄氏度加热到了 37.5 摄氏度，水温平均每分钟才上升 0.2 摄氏度，所以青蛙根本感觉不到温度的上升，结果慢慢失去了一跃而起的能力。

由此可见，一个青蛙如果失去了警惕性和忧患意识，那么就只能在安逸中麻木地等待死亡。同样的道理，如果一个人丧失了警惕性，那么就会像温水中的青蛙一样，在不知不觉中失去了忧患意识，从而失去大好的机会，或是遭遇严重的后果。

简单来说，就是真正的危机不是身处险境，遭遇最严厉的打击，迎接最严峻的挑战；而是人们没有忧患意识，危机感被慢慢地蚕食，进取心被慢慢地消磨殆尽，从而导致危机来临而不自知。

可令人遗憾的是，很多职场人士并不懂得这个道理。他们或许是初涉职场，或许已经工作多年，有的人可能还做出些成绩，可由于种种原因他们失去了积极进取的精神，失去了忧患意识和危机感，于是便安于现状，能拖延就拖延，能偷懒就偷懒。当别人在整理文件、准备策划案的时候，他们则趁着老板不在，偷偷地玩着游戏，或是与朋友聊天。结果，每次偷懒的时候都会被老板发现。他们心想：“一偷懒就遇到老板，我怎么这么倒霉！”

是他们倒霉吗？不是，是他们习惯了偷懒，他们习惯了浑浑噩噩地过日子。这样的人贪图享乐，没有工作的激情和责任心，更没有竞争的危机感，最后只能做一个平庸的小职员，或是遭到职场淘汰。

事实上，不管是职场新人还是工作干练的精英，都应该保持清醒的头脑、积极进取的精神，以及高度的危机意识。要知道，当今职场的竞争是异常激烈的，工作节奏也是异常快的，如果你安于现状，只想着得到一份稳定的工作，或是满足于眼前的成绩，那么就只能被别人超越，被职场所淘汰。所有人都应该有忧患意识，居安思危，如此才能激发自己的潜力，获得更好的发展。

所以，职场人士就应该有危机意识，在心理上和实际行动提高警惕性，以应付突如其来的变化和稍瞬即逝的机会。

一个叫俊然的年轻人，毕业于国内著名的财贸大学，毕业后就被一家国内500强企业录用了。开始时，他积极努力，带着激情去工作，再加上能力出众，所以短短2年内就被提升为项目经理。

做出了一些成绩后，俊然的心态就发生了变化，他总是想：“我之前拼命地学习、工作，不就是为了过安稳的生活吗？现在我工作稳定，收入不错，为什么还要让自己这么辛苦呢？”于是，他开始放松自己，开始每天按时上下班、不再为了策划案而加班加点，开始学会懈怠、能交代下属的就交代下属做，开始贪图享乐、每天都流走于酒吧等娱乐场所……

慢慢地，他的业务能力下降，职业敏感度下降，而自己一手培养起的下属则表现得越来越好，不仅可以独当一面还做出了突出的成绩。最后，公司高层提拔了那位下属，而他则面临着被解聘的危机。

一个人如果缺少了危机意识，安于现状，那么他就只能从卓越走向平庸，由成绩斐然走向被淘汰的下场。所以人们常说，一个国家如果没有危机意识，迟早就会出现问题；一个企业如果没有危机意识，迟早会面临倒闭的危机；而一个人如果没有危机意识，则永远也无法取得进步，反而会走向沉沦、失败。

事实上，很多企业都致力于提升职员的危机意识，避免职员们由于长时间的安逸而失去了警惕性和竞争性。著名的波音公司就曾经专门制作了一部模拟企业倒闭的电视片让职员们观看。电视片出现了这样的情景：

在一个天空灰暗的日子，公司门口高高地悬挂着“厂房出售”的招牌，扩音器传来这样的声音：“波音公司时代结束了，最后一个车间被关闭……”画面中，全体职员一个个垂头丧气走出公司。

这个电视片带给全体职员巨大的冲击，他们感觉到了强烈的危机感：只有提高警惕，全身心地投入工作，企业才不会走向灭亡。之后，职员们带着饱满地激情投入工作，不断创新、积极进取，所以波音公司才得以持续发展壮大。

对于职场人士来说，应该从波音公司的这种做法中得到启示，不管自己身处什么行业，拥有什么职位，都应该时刻提醒自己：只有具有危机意识，不断地提升自己，并带着激情和责任心去工作，才能避免被淘汰的命运。

温水煮青蛙，让青蛙失去了危机意识，而安逸的环境以及安于现状的心态也会让职场人士失去忧患意识。所以，如果你想要在职场上立于不败之地，就应该记住这句话：“生于忧患，死于安乐。”

十字法则：艾森豪威尔的高效率工作法

十字法则，又叫作要事第一法则，是时间管理领域最重要的法则。简单来说，就是最重要、最紧急的事情必须要最先做，然而再考虑做其他的事情。

这个法则来源于艾森豪威尔的十字时间计划，当时艾森豪威尔工作十分繁忙，为了提高工作效率，他在纸上画一个十字，分为四个象限，内容分别是重要且紧急的事情，重要却不紧急的事情，不重要但紧急的事情，不重要且不紧急的事情。然后，他把自己需要处理的事情按照四个类型进行分类，分别放进去，最后按照顺序一一完成。结果，艾森豪威尔的工作生活效率得到了极大的提高。

后来，十字法则被著名的管理大师彼得·德鲁克、“人类潜能的导师”的史蒂芬·柯维积极倡导和极力推崇，成为人们有效管理实践的最重要法则，也成为成功学家们所津津乐道的法则。

我们可以先通过一个小故事，来了解这个法则的重要意义。

从前，有两个兄弟到野外打猎，看到了一只肥美的野兔，哥哥正准备拉弓射箭，却被弟弟拦住了。弟弟说：“野兔射死了，我们应该怎么吃呢？”哥哥说：“当然是煮着吃。”弟弟却说：“煮着吃不好，野兔就应该烤着吃。”结果，两人因为意见不统一而争吵起来，争论了好半天才达成了协议：把野兔剖成两半，一半用来煮着吃，另一半用来烤着吃。但是，等到他们再拉弓射箭的时候，野兔早就跑得不知踪影了。

凡事都应该有个轻重缓急，在特定的时间内，我们必须要先解决最重要、最紧迫的事情。对于这两个兄弟来说，最重要且紧迫的时候就是射中野兔，否则一旦失去了机会，野兔就会跑远了。可是他们却在关键时刻商量怎么吃兔子，把它当成是最重要的事，结果才落得两手空空的后果。连野兔都没有射到，就讨论如何吃好吃，这有什么意义呢？

事实上，我们优先处理重要且紧急的事情是非常有必要的，因为这样的事情一旦有所拖延，就会导致严重的后果，或是直接导致计划失败。比如，你是一家公司的销售经理，突然遇到了大批客户因产品质量问题而要求退货的问题，那么你就必须尽快处理，否则就会失去客户的信任，使得企业信誉受损。再比如，你是一位策划，老板要求你下班前必须交出某个项目的策划，第二天发给客户。那么你就必须放下其他事情，优先处理这件事情，否则就会影响与客户的合作，导致合作失败。

接下来就是重要不紧急的事情，这样的事情没有太大的紧迫感，所以可以暂缓一下，但是由于它比较重要，所以我们必须给予重视。比如，如果你是企业的部门领导，那么就必须制订部门的整体计划；如果你是项目主导者，就必须为防止意外做好准备。

诸如客户的来访、不重要的电话、商务应酬、公司例会等，就是不重要但紧急的事情。

很多人容易被这些事情迷惑，把大量时间用在处理这些事情上，结果耽误了处理重要的事情，以至于无法高效地工作。比如，有些职员每天都是忙忙碌碌的，整理文件、回复客户邮件、接听众多电话，可到了下班之后才发现重要的文案还没来得及写，于是只能加班加点，熬夜写文案。事实上，如果这些职员能够排除这些事情的干扰，先写文案，再利用空闲时间处理这些事情，或是只利用早上一个小时来处理这些事情，那么工作效率会提高很多。

最后就是不重要且不紧急的事情了，相信没有人会轻易把时间花在这样的事情上吧!

总之，十字法则就是告诉我们，不管做什么事情都需要进行合理的安排，按照轻重缓急的顺序来安排自己的时间。优先做最重要、最紧急的事情，然后再按照顺序一一地执行，一步步地完成所有的事情。这样一来，工作才能井然有序地进行，并且实现高效、省时的目的。事实上，这就是十字法则的明智之处，也是被无法成功人士推崇的原因。

艾维·李是著名的效率专家，他也非常推崇十字法则，并且为很多效率低下的职场人士提供了很好的解决方案。美国伯利恒钢铁公司的创始人查理斯·舒瓦普就是其中之一。

当年查理斯·舒瓦普的公司还是一个默默无闻的小公司，而查理斯却被繁重的工作拖累，无法高效地完成工作。为了改变自己的工作状态，他只好找艾维·李帮忙。

听了查理斯的烦恼，艾维·李笑着说:“这非常简单，我10分钟就可以教你解决问题的方法，它可以让你的工作效率提高50%。”

查理斯觉得有些难以置信，但是还是虚心地向艾维·李请教。之后艾维·李交给他一张纸条，说道:“你把明天必须完成的重要工作写出来，然后按照重要程度、紧要程度进行排序。明天一早，你从最重要的工作开始，全身心地投入，直到完成为止。然后再按照顺序来完成接下来的工作，一项一项地完成，不能打乱顺序。如果最重要的事情需要花费整天的时间，也不要担心，必须坚持做下去。等到这些重要的工作完成之后，你就可以利用空闲时间来完成不太重要的事情。”

艾维·李接着说："你必须把这个方法变成每天工作的习惯，如此才能提高自己的工作效率。当你提高工作效率之后，可以把这个方法告诉全部职员，这样一来，你的公司也会变得高效起来。这个方法你想试验多久就可以试验多久，如果你觉得有效，就可以寄给我你认为值得的钱。"

几个月后，查理斯·舒瓦普给艾维·李寄去了一张 2.5 万美元的支票，并且附上了一封信，感谢他交给他高效工作的绝佳方法。几年后，伯利恒钢铁公司发展成为美国数一数二的独立钢铁厂，之后更是一跃成为世界上赫赫有名的钢铁厂。取得卓越成就的查理斯·舒瓦普之后经常和朋友说："我始终坚持优先做最重要、最紧急的事情，而那 2.5 万美元的支票则是我人生中最有价值的投资！"

要事第一原则，是如此的重要，但是时常被职场人士忽视。当一堆事情摆在面前的时候，人们就会感到无所适从，不知道从哪里下手，想起哪一件就做哪一件，遇到哪一件就先做哪一件，结果工作变得杂乱无章。或是把时间浪费在不重要的事情上，重要的事情却被忽略，白白做了无用功。

所以，做事情前我们一定要事前做好规划，把问题和工作按照重要、紧急程度进行分类，然后巧妙地按照完成的顺序和时间，如此才能收到事半功倍的成效。

古狄逊定理：加班——最廉价的自我表现方法

英国证券交易所前主管 N. 古狄逊说："一个累坏了的主管，是一个最差劲的主管。"可现代职场中，我们会发现很多主管、经理常常忙得焦头烂额，每天都加班到半夜才能结束工作。这是因为他们把所有事情都揽到自己身上，不是不懂得分配给员工，就是担心员工做不好，结果搞得自己忙碌不堪，筋疲力尽。

这样的管理者是不合格的，要知道管理的真谛并不是自己来做事，而是如何更好地让别人做事。作为主管，加班加点做一些烦琐小事，把员工应该做的事情都揽到自己身上，是最愚蠢的，不仅无法高效地工作，还让自己的工作变得更加廉价，浪费了珍贵的时间。

如果不想让自己沦为“廉价的劳动力”，沦为最糟糕的管理者，就应该把握好授权的尺度，尽量让员工做自己应该做的事情。这不仅可以把自己从忙碌中解放出来，还可以增强他们的办事能力，使得团队更高效地工作。

一天，一个小男孩问迪士尼的创始人华特·迪士尼：“你的工作是画米老鼠吗？”

华特说：“不，我不画！”

男孩又问：“那你负责想好笑的点子吗？”

华特回答说：“不，我也不做这些。”

男孩好奇地说：“那你做什么呢？”

华特笑着说：“我就像是一只小蜜蜂，从片场的一端飞到另一端，收集花粉，给每个员工打气加油，教他们如何更好地工作。我想，这就是我的工作。”

虽然这只是华特和小男孩之间的对话，但是却道出了一个管理者的职责：负责管理团队，指挥和管理员工，为员工分配工作，而不是事必躬亲、面面俱到。要知道，管理者是团队的灵魂人物，职责就是考虑团队的发展，制定整体性的目标，集中抓一些大事，而不是纠缠于一些一般事务，甚至是微不足道的小事。否则，管理者就会让自己陷入无尽的忙碌之中，可工作效率和成果却并不明显。

哈默是美国著名管理学家，他有一个客户每天都非常忙碌：除了要处理公司大大小小的事情，批阅一大堆公文，还要与客户电话联系。每次哈默约他见面的时候，这个客户都会提前三个小时起床，处理公司转过来的传真，处理完之后再传真回去。

哈默说："你为什么做这么多工作呢？而员工却只是做简单的工作，甚至不用思考，不用与客户交流。"这位客户说："我担心员工无法做好这些工作。"

哈默说："如果员工像你一样聪明，做得和你一样好，那么他早就成为老板了。再说，你不给他们机会，又怎么知道他们做不到呢？身为管理者，你应该知道，让别人为你做事，才能发现他们的才能；放权给他们，让他们为你完成更多的工作，才能激发他们的潜力。"

在哈默的劝说下，这位客户终于改变了自己的工作方式，学会让员工去处理事情。这样一来，员工不仅得到了成长，他的工作效率也提高了很多，最终公司取得了相当不错的业绩。

加班，是最廉价的自我表现方法。而一个管理者如果事必躬亲，为了大大小小的事务而每天忙碌不已，让自己没有休息时间，那么就是最糟糕、差劲的管理者。毕竟一个团队的发展并不是靠管理者一个人的力量能推进的，一个部门或是企业的工作并不是一个管理者能完成的，即便管理者有三头六臂，每天工作 24 小时也无法做到。只有管理者在前面引导，全体员工共同努力，团体才能更好地发展，更高效地工作。

贝尔公司董事长查理·波西曾说过："在我从事管理工作的早期，曾经得到一个教训是不要想一个人独撑大局，要仔细挑选人才，雇佣人才，然后授权给他们去负责料理。我发现，帮助我的部属成功，便是帮助整个公司成功，当然更是我自己个人的最大成就！”

不管你是部门主管，还是公司经理，都应该记住古狄逊的这句话：一个累坏了的主管，是一个最差劲的主管。

不值得定律：你认为不值得，那就不要去做

“不值得定律”非常好理解，从字面的意思来解释就是，你认为不值得的事情，就不要去做。这是管理心理学的经典定律，反映了人们的一种工作心理，即如果一个人认为自己所做的事情不值得去做的时候，就会采取敷衍了事的态度，缺少工作的积极性和激情。这样一来，这个人成功的概率就非常小，即便获得了成功，也不会有成就感。

现实生活中，很多人虽然每天按时上下班，可却对工作没有热情，不认真负责，随随便便敷衍了事。因为在他们内心中，这件工作只不过是谋生的手段，并不值得自己努力去做，不值得付出全部的精力和心思。可也正因为如此，这些职员也只能平平庸庸地混日子，做不出任何成绩。然而，如果一个人能够改变自己的心态，把自己的工作当成是有价值的事情，从心里告诉自己“它值得我努力去做”，那么就会心甘情愿地去做事，从而做出别人无法企及的成就。

小李和小王是一所大学的同学，两个人大学毕业后，应聘到一家公司工作，做普通的业务员。小李心想：我是大学本科生，怎么能做普通业务员呢？让我每天对别人点头哈腰多丢人啊！再说了，这份工作哪有什么前途？他看不起这份工作，但是迫于没有找到合

适的工作，只能选择留下来。于是，他每天都懒懒散散的，不主动寻找客户，即便有人找他询问产品情况，他也是敷衍了事。结果，3个月实习期满之后，他就被老板辞退了。

小王就不同了，他对自己说："现在职场竞争激烈，我好不容易找到一份工作，应该把它当成是自己历练、发展的机会。"通过详细的了解之后，他发现这个行业非常有发展前景，而且自己公司的产品在行业中处于领先地位，这更激发了小王努力工作的决心，开始对工作充满激情。他每天都早早来到办公室，积极寻找客户，向老员工请教拜访客户的技巧，果真很快就拿下了第一个订单。由于他是学习营销管理的，所以目标并不是做一名出色的业务员，而是成为公司的营销经理、营销总监。为了实现这个目的，他工作积极，认真勤快，并利用空间时间继续学习，结果短短两年时间，他就顺利成为营销经理。正是因为他始终把自己的工作看成是最有价值的事情，并且明确了自己的目标，所以一步步走向了成功。

正如效率专家史蒂芬·柯维所说的："每个人都想要优厚的薪俸、年终红利、股票分红……真正的激励绝非只靠金钱这种东西。而让他觉得有目标，他所从事的是一项有价值的、对双方都同样重要的工作，这才是真正能产生激励作用，并激发他们无限潜能的原因。"一个人如果想要在职场上获得成绩和成功，就应该把工作当成事业，把它变成最有意义的事情。一旦你看不起它，认为它是不值得做的事情，那么就会心不甘情不愿，从而消极地对待。

不值得定律告诉我们：工作是否单调，完全是由我们的心境来决定的；工作是否能够做好，也是由我们对它的态度决定的。如果一个人认为自己的工作有意义的，那么就会全力以赴，并且可以体会其中的乐趣；可如果一个人认为自己的工作是毫无价值的，那么就会敷衍了事，并且感到枯燥无比。

现实生活中，很多人难免会遇到这样的情况：从事的工作并不是自己喜欢的，和自己曾经的梦想相差甚远。但是为了生活，自己不得不继续做下去。遇到这样的情况，应该怎么做呢？其实很简单，只要你能够改变自己的心态，尝试喜欢上自己的工作，把它当作值得做的事去做，那么这份工作就会给你带来快乐，并且有所成。

一个女人因为学历低，只能到微软公司做临时清洁工，这份工作工作量最大，拿的工资最少，而且每天还要面对那些精英人才，这让她感到自惭形秽。所以，女人每天工作得并不快乐，这份工作好像成了她最大的负担，让她烦躁、痛苦。这样一来，工作积极性自然就不高了，卫生打扫得也不干净。

后来，她觉得自己不能这样下去了，于是便尝试着改变自己的心态，每天对自己说："我有一份工作，有稳定的收入，可以支持我的孩子上完大学，这是对我最大的回报。而且在为世界上最伟大的企业工作，我应该感到自豪，努力把工作做到最好。"

有了这样的想法，她开始快乐地工作着，不再抱怨自己的工作又苦又累。而且她还尝试帮助别人，和每个员工打招呼。这时候，她发现这些精英并没有看不起她，反而愿意和她说话，这让她更能感受到工作的快乐。渐渐地，她的热情和快乐感染了每一个员工，整个微软公司都变得不一样了。

很快，就连比尔·盖茨都知道了她，把她叫到办公室问："你为什么每天都这么快乐？"女人说出了自己的想法，而比尔·盖茨深深被她感动，对她说："你是我们公司最需要的人才！你愿不愿意成为微软的正式一员？”

女人兴奋地说不出一句话，之后她开始利用空闲时间学习，成为微软的正式员工。

不可否认，并非每个人都热爱自己的工作，并不是每个人都能享受工作，毕竟工作和兴趣很难联系来。但是你不能看不起自己的工作，只有把它当作是有价值的、值得去做的事情，如此才能激发自己的热情，实现自己最大的价值。

鲁尼恩定律：效率不是唯一的取胜条件

效率越快，就越容易成功吗？

鲁尼恩定律告诉我们，这句话并非完全正确。鲁尼恩定律是奥地利经济学家 R.H. 鲁尼恩提出的，它告诉人们：赛跑时，跑得快的人并不一定赢；打架时，实力强的人并不一定赢。谁笑到最后，谁才是最后的赢家。

是不是觉得这有点像我们小时候听到的寓言故事——龟兔赛跑？没错，不管做什么事情，一时的领先并不能保证最后的事情，如果在做事的过程中产生了懈怠、懒惰的情绪，就可能发生阴沟里翻船的事。相反，暂时的落后或是能力较弱也不代表着永远落后，如果能够努力奋斗，充满激情，那么就会成为笑到最后的人。

王石从兰州交通大学毕业后，就被分配到广州铁路局工程段工作，之后顺利进入了广东省外经委，负责招商工作。稳定的工作没有让王石满足，他毅然离开机关单位，下海创业，创立了万科。他最初的打算并不是房地产，而是做录像机，但是由于当时政策的限制而未能成功，后来才投入房地产行业。

王石是一个特立独行的人，他并不满足于只卖房子，也不满足当时取得的成绩。为了更好地发展企业，他一直试图把房地产和“技术化”“高科技”联系起来，提高房地产的“科技含量”。所以，他专门建立属于自己的建筑研究中心，用于研究与住宅有关的技术，包括绿色建筑、工厂化生产房子的技术等。当 3D 打印技术兴起之时，他又开始探索利用 3D 打印技术来打印房子。

尽管万科成为国内数一数二的房地产公司，但王石并没有骄傲和懈怠的心理。他知道市场竞争是异常激烈的，如果自己因为处于领先地位就停滞不前，那么终有一天会被其他对手超越，甚至被打垮。所以，他积极摒弃技术和管理方面的弊端，求新、求变，力求让企业始终走在行业的前列。

试想，如果王石取得了一些成就之后就满足于现状，到处炫耀自己的资本，那么哪还有今天的成就？

同样，在职场上，激烈的竞争是在所难免的，每个人都为了取得最好的成绩而努力着，可是并不是每个人都能走向最后的胜利。这是因为，人都是有惰性的，一旦取得了成绩，就会变得懒惰，不思进取，认为自己可以享受成功的快乐了；一旦取得了一些成绩就开始自大自傲，认为别人无法超越自己了，即便停下来也没有关系。结果呢？因为惰性和自大，内心产生了懈怠的情绪，产生了轻敌的情绪，以至于让竞争对手超越。

著名石油大王洛克菲勒曾经说过这样一段话：“在我的事业渐渐有些起色的时候，我每晚把头放在枕上睡觉时，总是这样对自己说：‘现在你有了一点点成就，你一定不要因此而自高自大，否则，你就会站不住，就会跌倒的。因为你有了一点开始，便以为自己是一个大商人了。你要当心，要坚持前进，否则便会神志不清。’”

如果一个人想要获得最后的成功，获得突出的成就，不仅仅要有积极的行动力，饱满的激情，更应该有持久的激情，并且能够坚持到底。只有如此，你才能始终处于领先地位，才不会轻易地被对手超越，落得黯然收场的结局。

一位房地产推销员刚刚进入房地产销售业的时候，屡屡遭遇失败，半年内没有卖出一栋房屋。但是这没有打垮他，他积极乐观，努力地寻找客户，终于拿下了第一单。后来，他找到了销售的秘诀，开发出了属于自己的销售技巧，正因为如此，他的业绩突飞猛进，成为销售业绩最高的推销员，平均每天卖一幢房子。后来，他的名字还被列入了吉尼斯世界纪录，被誉为国际销售界的传奇冠军。

但是这位推销员并没有满足于自己的成绩，他开始从销售房屋转为为其他人做培训，教他们如何提升销售技巧，而这些技巧都来源于过去的工作经验。结果他成为了世界上最著名的推销训练大师，接受他训练的推销员超过 500 万人。他就是被誉为“世界上最伟大的推销大师”约翰·霍普金斯。

当他迎来人生辉煌的时候，有人问他：“你成功的经验是什么？”他回答说：“每当我遇到的时候，我只有一个信念，那就是马上行动，坚持到底。成功者绝不放弃，放弃者绝不会成功！我要坚持到底，什么路都可以选择，但就是不能选择‘放弃’这条路。”

没错，成功的秘诀就是马上行动，坚持到底。如果没有坚持到底，那么成功只是一时的；如果没有持久的激情，躺在过去的成绩上睡大觉，那么只会一败涂地。职场人士要记住：效率并不是唯一的取胜条件，坚持到底，才能笑到最后，最终取得真正的成功。

酝酿效应：暂时的休憩，正是灵感的前奏

在古希腊，国王命人做了一定纯金的王冠，但是他怀疑工匠在王冠中掺了其他金属。可这顶王冠的重量和国王交给工匠的金子的重量是一样的，谁也无法确认是否惨了假。于是，国王找来了阿基米德，希望他能告诉自己答案。

为了解决这个难题，阿基米德冥思苦想多日，但始终没有找到合适的方法。于是，有一天，他决定先放下这个问题，泡个热水澡让自己放松一下。在进入浴盆的时候，他发现浴盆的水溢出了一部分，而且感觉自己的身体是轻飘飘的。

突然他灵机一动，想到了一个办法：把王冠放入一个水盆中，通过计算王冠排出的水量来解决国王的问题。在国王面前，阿基米德找到了和王冠一样重的一块金块、一块银块，分别把金块、银块、王冠放入水盆里。结果，国王看见金块排出的水量比银块少，而王冠排出的水量比金块要多。阿基米德对国王说："王冠里确实掺了银子。"

国王迷惑不解，阿基米德解释说："物体的密度是不同的，1 千克的木头和 1 千克的铁相比，木头的体积更大。如果把它们放入水中，体积大的木头排出的水量比体积小的铁要多。同样，金子和银子也是如此。金子密度大，银子的密度小，所以同样重量的金子和银子，银子排出的水量要比金子多。刚才王冠排出的水量比金块多，说明它的密度比金块小，肯定掺了银子。"

这一戏剧性的过程，被心理学家归纳为酝酿效应。也就说，当我们费尽心思地想一个问题的时候，或是解决一个事情的时候，往

往会陷入思维的困境，找不到正确的思路和方法。可当我们停止冥想，让自己休息放松的时候，灵感往往会突然迸发。这就是宋代大诗人陆游所说的："山重水复疑无路，柳暗花明又一村。"

心理学家认为，之所以会产生"酝酿效应"，是因为当人们长时间地思考一件事情的时候，大脑就会陷入紧张、疲劳的状态，思维变得有些混沌，所以越是苦心冥想，就找不到正确的思路。可一旦放松了，大脑得到了休息，消除了之前的紧张和疲劳，走出了之前不正确的思路，那么灵感就会在某一刻迸发出来。

事实上，1971 年，美国心理学家西尔维拉进行了一次实验，专门验证了"酝酿效应"。她把实验对象分为三组，每组成员的性别、年龄、智力水平都是大致相同的。然后她要求第一组成员用半个小时思考一个问题，中间不能休息；要求第二组成员先思考 15 分钟，然后休息半个时候，然后再继续思考 15 分钟；第三组的思考方式与第二组相似，仍是前后各思考 15 分钟，只不过中间休息的时间长达 1 个小时。

结果，第一组成员解决问题的人数占 55%，第二组解决问题的人数占 64%，而第三组则有 85% 的人解决了问题。事后，西尔维拉了解到，实验对象第二组和第三组在休息之后，改变了原来的思路，重新开始思考，跳出思维限制，所以很快得到了答案。

事实确实如此，当我们遇到某个难题的时候，越是长时间地苦思冥想急于找到解题思路，就越容易一无所获。而如果暂时放下它，让自己的身体和大脑得到休息，可能就会突然茅塞顿开。

美国化学家普拉特就曾经有这样的经历，他说："摆脱了有关这个问题的一切思绪，快步走到街上，突然，在街上的一个地方——我至今还能指出这个地方——一个想法仿佛从天而降，来到脑中，其清晰明确犹如有一个声音在大声喊叫。我决心放下工作，放下有关工作的一切思想。第二天，我在做一件性质完全不同的事情时，好像电光一闪，突然在头脑中出现了一个思想，这就是解决的办法，简单到使我奇怪怎么先前竟然没有想到。”

正因为如此，当人们在解决问题的时候，提倡劳逸结合，避免陷入长时间的思考之中。职场上，工作也应该如此。可很多职场人士并不懂得这个道理，他们每天都高强度地工作，从早上忙到晚上，有时还会把没有完成的工作带到家中，继续熬夜苦干。你以为他们这样辛苦的工作，工作会高效？成绩会突出？那你就错了，由于长时间地工作，身体和大脑都处于疲惫状态，所以工作效率非常低，遇到了问题也不能及时找到解决思路。与其说他们在忙碌，不如说在浪费时间。

齐小姐是刚刚进入职场的新人，为了提升自己的工作能力，在上司面前表现自己，她俨然成了一个工作狂人。每天早早来到办公室，开始一天的忙碌，整理资料、回复文件、写策划文案……下班了，别人都已经离开了，她还继续在书桌前忙碌着，为明天的项目准备资料。为了把上司交代的文案写得完美，她时常加班加点，直到凌晨一两点钟还在构思、修改、润色。

可是她工作效率高吗？写出的文案获得了上司的奖赏吗？没有，因为她每天疲于奔命，长时间地工作，不仅使自己身心疲惫，还因为大脑迟钝、文思枯竭，无法写出创意新颖的东西。

其实，这些职场人士如果能够劳逸结合，让自己休息一下，在清醒、放松的状态下做事，效率将会得到大幅度提高。所以身为职场人士的你，如果已经长时间工作了一段时间，并且感到身体和大脑疲惫了，那么就应该让自己远离电脑、文件，该休息就休息，该放松就放松，如此身体和大脑才能恢复到最佳状态，更高效地工作。

正如泰戈尔在《飞鸟集》中写道：“休息之隶属于工作，正如眼睑之隶属于眼睛。”既然暂时的休憩，可以激发灵感；既然暂时的休息，可以保证之后更高效的工作，那么我们为什么不让自己放松下来呢？

第八章

chapter 8

管理决策：总想让他人言听计从，但显然这很难

王安论断：越是摇摆不定，就越是容易做错决定

王安论断是由美籍华裔企业家王安博士提出的，它源自王安幼时的一次亲身经历。

六岁那年，有一天王安外出玩耍，偶然捡到一只小麻雀，他很喜欢它，决定把它带回去喂养。走到门口时，王安忽然想起妈妈不允许他在家里养小动物，于是他把小麻雀放在门后，然后进家去和妈妈商量。经过一番苦苦哀求，妈妈终于破例答应了。王安兴奋地跑到门后，却发现小麻雀已经被一只猫吃了。

王安为此伤心了好久，并由此得出一个教训：只要是自己认为对的事情，做决定时绝不可以摇摆不定，必须马上付诸行动。凭借这一理念，他一个人以六百美元创业，最终做出一番成就。

王安论断是指有些机会就像是捡到的麻雀一样，是不能等的。摇摆不定的人，固然可以避免一些错事，但也失去了成功的机遇。尤其是在这个瞬息万变、日新月异、竞争激烈的社会，机遇难得，

稍纵即逝，越是摇摆不定，不能当机立断，就越是容易做错决定，一次次错失良机。

当前的工作工资稳定，但学不到会东西。另一份工作虽然有学习的机会，但需要从头开始，工资低。离开也不对，不离开也不对。

在一线城市工作生活，机会多，但辛苦，而且很可能买不了房。回老家，可以过得很安逸，但是却没那么多机会。是留在大城市，还是回老家？

……

所有的人生都是未知的、变幻莫测的、毫无定数的，我们每日每时都面临选择。大的选择，小的选择；一般的选择，重要的选择；高兴的选择，痛苦的选择……不计其数。而这种选择往往会让人很“痛苦”，我们总会比来比去，左右权衡，一直摇摆不定，于是陷入一种两难境地。

我们有限的人生难道要一直在这种纠结中消耗度过吗？

关于选择与改变，有一个标准回答：“其实你知道答案，只是你怕疼而已。”这句话几乎可以运用到任何的两难选择中。当我们面临选择的时候，选择 a 还是选择 b 好？我们仔细权衡利弊，表面上是不知道哪个好，担心选亏了，其实背后是不愿承担选择后的责任，害怕承担选择所带来的后果。

任何权衡，都会把我们变得软弱。“王安论断”则启示我们，事情认定就该大胆去做，无须过多思虑。

1993 年马化腾从深大毕业后，开始做软件工程师。他第一次认识了 ICQ，并被其无穷的魅力所吸引，但他觉得英文界面的 ICQ 在中文用户中推广不开，于是他决定辞职，自己做个类似于 ICQ 的中文版本工具。当时马化腾所在的公司规模大，他每月的薪酬也很理想，家人和朋友纷纷劝说他再考虑考虑。但他毅然辞职，与同学合作注册了一个公司，开始开发中文 ICQ 软件，从此踏上创业征途。

马化腾当年做 QQ 这个产品时，初衷是为广州某个政府单位做的招标项目。后来投标失败，马化腾又先后和几家公司谈判，都以失败告终。如果权衡利弊，马化腾应该放弃这个项目，当时不少人也纷纷劝说他放弃。但马化腾很喜欢这个软件，他没有陷入两难，而是选择默默承受，把自己从银行贷的款和向朋友筹借的资金全部投到公司中，并不断改进 QQ 产品。凭着这份坚韧，他挺过了那段艰辛日子，后来，QQ 成了中国人最基本的沟通工具，庞大的腾讯帝国使马化腾成为亚洲新富。

马化腾的创业故事向人们说明了：人生的重大决定，并不是在权衡利弊的情况下做出的明智选择，而是听从自己的内心。

既然是做选择又怎会没有遗憾呢？当你纠结的时候，你或许会感慨鱼与熊掌不可兼得，但这世上根本就没有十全十美的事。因此，选择本身并没有对错之分，不管你选择了哪个方向，都是对的选择，因为这符合你的心愿，愿意为这个决定承担后果，敢于去为自己负责任，这才是最关键的问题。

生命是一种长期而持续的累积过程，绝不会因为单一的事件而有剧烈的起伏。学会对自己的选择负责，就是对自己的人生负责。越是重大的决定，越是要听从自己内心的声音。如此，我们就是自己生活的缔造者，就是在创造自己的生活环境，同时也在创造自己的命运。当一个人能够将生活的主动权掌握在自己手中，那么许多所谓人生的重大抉择，根本无须焦虑。

用有限的生命坚持自己的内心，该来的都会来。

从众效应：群体的巨大影响力

“从众效应”是一种追随群体行为的常见心理效应，也就是通常人们所说的“随大溜”，心理学史上著名的阿希实验便是用来论证这一效应的。

美国心理学家所罗门·阿希曾在校园中招聘志愿者，号称要做一个关于视觉感知的心理实验。他每组邀请七个志愿者，坐成一排，其中六人为事先安排好的实验合作者，只有一人是真正的实验对象。阿希每次向大家出示两张卡片，其中一张画有标准线 X，另一张画有三条直线 A、B、C，其中 A、B、C 三条线长短不一，然后让实验者判断 X 线与 A、B、C 三条线中哪一条线等长。

这些线条的长短差异很明显，X 的长度明显与 A、B、C 三条直线中的一条等长，正常人是很容易做出正确判断的。但是，阿希故意将真正的实验对象安排在最后，然后让每个人轮流大声说出自己的判断。阿希预先告诉实验合作者，让他们故意说错，这样就形成了一种与事实不符的群体压力，结果让人大跌眼镜，即使正确答案十分明显，但真正的实验对象还是会跟着做出错误判断，这个比例平均达到 37%，有 74% 的被试者至少有 1 次从众，只有 24% 的人坚持自己正确的判断。

这就是“从众效应”——当个体受到群体的影响（引导或施加的压力），会怀疑并改变自己的认知、判断和行为等方面，并朝着与群体大多数人一致的方向变化。这启示我们：遇事不能不加分析地顺从群体行为，不能盲目地随波逐流，这是睿智的生存之道，也是必需的成功之道。

在“从众效应”影响下，很多人缺乏主见，容易不加分析地接受大多数人的意见，亦步亦趋地效仿大多数人，心安理得地遵循固有的秩序和模式。结果发现，明明自己很努力，但还是平凡无奇，甚至一事无成。为什么？除了存在差异化的思维外，这正是与从众心理有关。众人之所以为众人，他们代表平均水平。以他们做参照系，你最多也只能达到平均水平，而且注定失去自我。

迷失方向不可怕，迷失自己却是可怕的。

身体是自己的，生命是自己的，灵魂是自己的，人生也是自己的。既然如此，你做什么，不能取决于别人做什么或者不做什么，而需要摆脱无意识冲动、无意义需求及社会压力来选择自己想要成为什么样的人。优秀的人之所以优秀，就是因为他们把自己当作参照物，以做正确的事为参照物。

一位年轻的英国设计师，有幸参与了某城市政府大厅的设计。这样的机会对于任何一名设计师来讲都是十分宝贵的，对他这样一个年轻的设计师来说更是如此。为了设计这座政府大厅，该设计师倾尽心力，做出了多种方案。其中一个方案是只需要一根柱子便可支撑起大厅的天花板，他认为这个方案是最完美的。经过一年多的时间，大厅建设完毕，看起来无可挑剔，完美至极。

然而，相关专家对大厅进行验收时，认为这种做法太过冒险，于是提出再多加几根柱子。年轻设计师对此意见持反对态度，他相信自己的设计万无一失，这一根柱子足以保证大厅的稳固。他将相关数据和实例详细地列举了出来，并一一分析给验收的专家们看。可专家们从未见过这样的设计，他们凭借自身经验认定这样不合理。为此，他们还试图因为设计师的顽固而将他告上法庭。

迫于无奈，那位年轻设计师最终同意在大厅的四周再添加四根柱子。

之后，这座市政府大厅矗立了三百多年，市政府的工作人员换了一茬又一茬。这一年，市政府准备将大厅的天顶修缮一下。就在工人对大厅的天顶进行检查时，发现了一个令所有人无比惊讶的事。原来，当初添加的那四根柱子根本都没有接触天花板，而是与天花板间相隔了无法察觉的两毫米。

这位年轻设计师的名字，叫克里斯托·莱伊恩。

克里斯托·莱伊恩的故事启迪我们，当群体行为理性正确时，自然要跟随；当群体行为被非理性主导时，则要慎重对待。为此，我们需要锻炼独立思考能力，也要锻炼明辨是非的能力。遇事既要慎重考虑群体的意见和做法，也要有自己的思考和分析，这样才能发扬积极从众，避免消极从众。

很多时候，人最难面对的不是别人，而是自己。

从众或不从众，这是一个难题。但如果你想从心所欲，做自己想做的事，那么必须独立思考，态度鲜明，并敢于承担不被群体理解和认可的代价，坚信假以时日，不被牺牲的人格与原则一定会给你带来丰厚的报偿，比如更多的自由、内心的平安和喜乐、梦寐以求的爱人以及事业、生活等。

瓦拉赫效应：经营自己的长处，才有机会得到更多

在人才心理学中，人们把那些大智若愚者的特殊才能被正确发掘后所发生的巨大变化现象，称为“瓦拉赫效应”。“瓦拉赫效应”，源自诺贝尔化学奖获得者奥托·瓦拉赫极富传奇色彩的成才经历。

读中学时，父母为瓦拉赫选择了一条文学之路，可一学期下来，

老师认为瓦拉赫虽然很用功，但过分拘泥，不善表达，这样的人很难在文学上有所成就。此后，父母又让瓦拉赫改学油画，可瓦拉赫既不善于构图，又不会润色，对艺术的理解力也不强，成绩全班倒数第一。面对瓦拉赫的表现，当时多数教师都觉得他实在笨拙，甚至有老师直言："你在艺术方面是无可造就之才。"

此时一位化学教师发现，瓦拉赫在文学、绘画艺术方面虽然表现不佳，但他性格沉稳，做事一丝不苟，具备做好化学实验的素质，于是建议他试学化学。开始学习化学之后，瓦拉赫就像突然顿悟一般，聪明才智被彻底地发掘出来了，被公认为"前程远大的高才生"，并最终成了诺贝尔化学奖的得主……

"瓦拉赫效应"说明了一个道理：人的智能发展是不均衡的，每个人都有自己的强项和弱项，一旦找到了发挥自己智慧的最佳点，使智能得到充分发挥，便可取得惊人的成绩。

你想做一个成功的人吗？

相信，不少人会迫不及待地回答："想！"

但在实际生活中，很多人面临过这样一个困惑：同样一件事情，为什么别人做得顺风顺水，自己却总是力不从心，低效不说，甚至还步履艰难。为什么会这样呢？这通常并非因为你不努力，不聪明，而是你自身定位不对，一个人在做自己不擅长的事时，努力再多，通常也是平庸的，甚至是失意的。

对于很多人来说，不是缺少才能，而是缺少对自己才能的发现，缺少对自己人生价值的开发利用。世界上有十分完美的人的吗？有能让自己所有方面都非常优秀的人吗？"金无足赤，人无完人"，所有伟大和成功者都是了解自身优势，然后在某一或几个方面取得了超越常人的成就。

他出生在一个偏僻的山村，父母希望他努力读书，做一个有学问的人，从而改变自己的命运。但是他发现自己不爱读书，也读不好书，他开始在书本、作业本的空白处，画各种人物头像。看着自己的画作，他觉得满意极了。之后，他不停地阅读各种漫画书，学习名家的画作，后来他将自己的作品寄给出版社。令人意想不到的是，他的画稿不断地被采用。于是，他干脆辍学，决定以画画为生。

一个正值青春的男孩居然放弃学业，去学习画画，这在很多人看来是荒唐可笑的，但他凭借自己优秀的绘画能力，顺利在一家漫画出版社找到工作。工作几年后，他成立了“远东卡通公司”，每天疯狂地做着一件事——画画，他将不少中国古籍经典都画成了漫画，如《庄子说》《老子说》《大醉侠》等，这些图书总销量超过了 3000 万册，他也因此成为中国有史以来卖书最多、版本最多的作家。

他，就是台湾著名漫画家蔡志忠。

蔡志忠为什么能够取得令世人瞩目的成就？成为漫画界的知名人物？用他自己的话说“每个人其实都可以用一把刷子混饭吃，关键是要尽早找到这把刷子。”这一切，正是“瓦拉赫效应”的典型体现。

每个人只有在自己的优势领域才能发挥自己的最大作用，这个领域不一定是最好的，也不一定是最高的，而是最适合你自己的。例如，会唱歌的把歌唱好，唱出特色；会跳舞的把舞跳好，跳出精彩；会说话的把嘴练好，说出成果；会打球的把球打好，打出精彩，进而迎来改变命运的良好契机。

如果你勤奋异常，但仍对自己所在的行业感到吃力；如果你努力工作，但仍在自己的岗位上无所建树。不用太沮丧，也许你只是没有找到自己的优势，找到自己擅长的位置。这就需要你全面、深入地了解和发掘自己，了解自己的优势和不足，个人能力以及满足哪种工作岗位的要求，等等。

虎啸深山，鱼翔浅底，驼走大漠，鹰击长空。

如果人人都能做到这点，那么天才将成批涌现，再没有所谓的失败者。

马蝇效应：创新都是被竞争和淘汰“逼”出来的

马蝇，是一种叮在马背上的昆虫。没有马蝇叮咬，马走得慢慢腾腾，走走停停；有马蝇叮咬，再懒惰的马也不敢怠慢，会飞快地奔跑，这就是“马蝇效应”，源于美国历史上最伟大的总统亚伯拉罕·林肯的一段有趣经历。

1860年林肯当选为美国第十六任总统之后，决定任命参议员萨蒙·蔡斯为财政部长。当他把这一想法告诉参议员们时，一片哗然，许多人都表示了强烈反对。

林肯追问参议员们：“你们为什么如此反对？”

参议员们答：“萨蒙·蔡斯是一个狂妄自大的家伙，他狂热地追求最高领导权，一心想入主白宫。如今败在您的手下，他肯定怀恨在心。”

出人意料的是，林肯笑着说：“这是一件好事。”

随即，林肯任命萨蒙·蔡斯为财政部长。

后来，林肯接受《纽约时报》亨利·雷蒙特的一次专访。在专访过程中，雷蒙特问林肯为什么要把这样一个劲敌安置到自己的内阁中。于是，林肯讲了一个故事作为回答：

“有一次，我和兄弟在肯塔基老家的一个农场里犁玉米地，我吆马，他扶犁。这匹马很懒，慢腾腾地走走停停。但有一段时间它却跑得飞快，连我这双长腿都差点跟不上。到了地头，我发现有一只很大的马蝇叮在马身上，就随手把马蝇打落了。看到马蝇被打落了，我兄弟抱怨说：'哎呀，你为什么要打掉它，正是这家伙才使马跑得这么快。'"

讲完这个故事，林肯对雷蒙特说："现在，你知道为什么我要让蔡斯进入内阁了吧？"

马蝇叮咬马，马才会跑得飞快，人其实也一样。林肯把一个时刻威胁着自己地位的政客引入内阁，就是希望自己能像被马蝇叮咬的马一样，毫不懈怠地往前跑，这正是"马蝇效应"的妙处所在。

你害怕竞争吗？

没有人不害怕竞争，这是人趋利避害的本能反应。当大大小小的竞争摆在眼前时，大多数人的内心会是抗拒的，更有甚者会对竞争对手产生怨恨、仇视等心理。一个人如果一直逃避竞争，没有外力的刺激或震荡，自己又缺乏上进心，那么就会甘于平庸，养成惰性，最终庸碌无为。

竞争是什么，是博弈，是搏击，是斗智斗勇，是成功的一种方式。

竞争的意义在于，你要想打败对手，就不能放松脚步；你要想保持领先，就必须不断创新。在与对方的一次次竞争中，你会有一个干劲十足的精神状态，会不断地更新自身的能力，自己的潜能更容易被激发，从而变得更大、更强、更有效率，否则你就会被淘汰。这就是成功与竞争的微妙关系。

德国是拥有多个世界级名牌汽车公司的国家，其中奔驰和宝马最为出名。

有记者问奔驰的老总："奔驰车为什么会持续进步、风靡全世界呢？"

奔驰老总回答说："因为宝马将我们撵得太紧了。"

记者转问宝马老总同一个问题，宝马老总回答说："因为奔驰跑得太快了。"

奔驰与宝马的竞争结果是，两家公司都不断创新，不断提高，进而成为一流名牌，后来它们不得不把竞争目光从德国转移到全世界，最终都成为世界级名牌。

在自然界中，竞争体现了生存的成功。

在人身上，竞争体现了人生价值的成功。

创新，都是被竞争和淘汰"逼"出来的。

今天你也许有了一定的成就，可明天就会有人超过你。无论个人，还是企业，要想更好地生存和发展，就必须主动接受外在竞争的激励，让外在压力变成内在动力，不退缩、不松懈，时刻充满活力的动力，不断地通过创新提高自己、改进自己和超越自己，进而挖掘出潜藏自身的真正实力。

分粥效应：不患寡而患不均

"分粥效应"是美国政治哲学家约翰·罗尔斯在其著作《正义论》中讨论社会财富时所做的一个十分形象的比喻。

罗尔斯把财富比作一锅粥，有几个人住在一起，每天分吃一锅粥。粥每天都是不够吃的，怎么分才能做到合理分配呢？罗尔斯试验了不同的方法，发挥了聪明才智、多次博弈形成了日益完善的制度。

大体来说，主要有以下五种分粥法：

第一，指定一个人全权负责分粥。但很快大家就发现，这个人为自己分的粥最多。于是又换了一个人，结果还是一样，负责分粥的人碗里的粥总是最多。所以，人不是神，总会向自己的利益倾斜。

第二，大家轮流负责分粥，每人一天。结果，每个人只有一天吃得饱而且有剩余，其余的人则都是饥饿难耐。大家一致认为，这样做资源浪费。

第三，大家民主选举一个大家都信任的人分粥，刚开始他还能基本公平地给所有人分粥，但不久之后，他便有意识地为自己和奉承自己的人多分粥，分粥又变得不公平了，而且败坏了社会风气。

第四，成立一个分粥委员会和一个监督委员会，形成彼此之间的分权和制约。这样，公平基本做到了，可是由于分粥委员会和监督委员会经常各执己见，又据理力争，等到讨论结束，粥早就凉透了，这种制度效率太低。

第五，每个人轮流值日分粥，但是分粥的那个人要最后一个领粥。令人惊奇的是，在这个制度下，每个人分到粥的量居然几乎一模一样。原因是，每个主持分粥的人都认识到，如果前面分的粥不相同，他确定无疑将分到那份最少的粥而饿肚子。

“分粥效应”看似简单，实则适用，深刻地说明了制度的重要性，分粥者最大的资源并不是粥，那是表面的资源，也是最靠不住的资源，会因为你分得好不好就要立即产生矛盾。分粥者最大的资源是设计制度，要建立在对每一个人都公平的基础上，这是搞好内部管理的重要原则。

为什么我干的工作与别人一样多，收入却比别人低？

我和小王能力和资历等不相上下，为什么领导偏偏提拔了他，而不是我？

他的能力明明不如我，为什么等级反而在我之上？

凡此等等，不一而足。

在实际工作中，不公平感是组织中的一枚“定时炸弹”。一旦有人感觉到不公平，通常不会马上说出来，而是将这种愤恨压在心里，并不断累积和扩大，最终只有两个后果：一是消极怠工，二是卷铺盖走人，期间产生的抵触情绪、不团结等消极因素，更会对组织的发展带来灾难性的破坏。

如何解决这一问题呢？“分粥效应”启迪我们——公平。

何谓公平？从字面上理解，公就是公正、合理；平指平等，不偏不倚。它一般是指所有参与者的各项投入与收获成比例。

不患寡而患不均，想问题办事情出于公心，对人对事一碗水端平，不以个人好恶而处之，不以私情轻重而为之，这是管理者赢得人心、做好工作的重要保证。

印度的信息系统科技公司是印度最有价值的五大公司之一，领导公司的负责人墨西是印度最受尊敬的企业领导人之一。谈到成功领导的秘诀，墨西强调必须做到“公平”。

在招聘环节上，墨西就制定了公正原则。应聘成绩时，统一公开考试过程，因此不会引起争执；公司也尽量为每件事情都设定可测量的标准，员工的表现，以他们能够了解的程序和标准，都要公开进行评估。他们动态地根据员工的才能、责任、贡献、工作态度等方面的表现公正地给予应有的利益回报。

除了这些之外，领导人在做决定时也一样要做到公平。墨西表示，每一个决定一定都会对某些员工较不利，但是下决定的标准其实很简单，如果一个决定对 98% 的员工都有好处，就是一个好的决定，只要领导人确保剩下 2% 的员工，有机会在其他决定中获得较有利的对待，那就做到了公平。

正是因为这些公正原则，员工们都愿意跟着墨西，该公司因此留住了很多人才。吃过了公平的“甜头”，墨西表示，许多人问过他希望以后的人会如何看他，他说：“我希望将来别人会记得，我是一个公平的人。”

不公正的待遇，不论是过高还是过低，都会打击他人的积极性，降低管理者的个人信誉。墨西的公正原则，无疑是一种明智的管理策略。

一个人有没有管理能力，在于他是不是真正认识到了公平。

分粥者最大的资源就是分粥制度，掌握制度的人要设计出最优的分粥结果。在管理工作中，在解决收益的分配、资源的分配以及晋升等问题时，必须为组织创造出更多的公平感。如此，组织才有建立好文化、好制度的可能性，大家才会真心尊重和听从领导者，团队也才会无往而不胜。

鲦鱼效应：企业行不行，关键还在领导身上

“鲦鱼效应”是德国动物学家霍斯特·斯特恩通过对鲦鱼较长时间、细致地观察和试验所发现的一种有趣现象。

鲦鱼因个体弱小而常常群居，众多弱小的鲦鱼总是跟在强壮的鲦鱼后面行动。就像其他群居动物中的首领一样，强壮的鲦鱼起着带队作用。在实验中，霍斯特把强壮的鲦鱼脑后控制行为系统部分割除后，此鱼便失去了一定控制力，行动也发生紊乱，但其他鲦鱼却仍旧像从前一样盲目跟随它。

鲦鱼的首领行动紊乱导致整个鲦鱼群行动紊乱，“鲦鱼效应”说

明一个组织内的群体具有思维定性和行为惯性的特征。

在一个企业或者组织中，行业的领导者就如同鲦鱼的首领，带领着下属前进。当工作中出现问题的时候，有很多领导者总认为这是下属的责任、认为是员工能力不足、缺乏素质等。殊不知，在“鲦鱼效应”的影响下，下属身上发生的毛病，都可以从其上级领导者身上找到直接原因。

兵熊熊一个，将熊熊一窝。在任何一个企业或者组织中，领导者作为一个部门的负责人，其行为受到整个工作部门员工的关注。人们往往模仿领导者的工作习惯和修养，甚至可以说是如法炮制，而不管其工作习惯和修养是好还是坏。这就提醒每个领导者，必须要起到良好的表率作用。

有这样一家公司，它的一个生产部门工作效率总是非常低，不能达到理想效果。为此，总部有针对性地采取了一系列改革措施，比如改进生产技术，加强监督，但都没有起到理想效果，最后公司决策层经过考虑决定更换部门主管，看能不能有所改善。到达工作岗位上后，新主管并没有急于大举开展提产的改革措施，而是进行了一系列调查。在走访的过程中，他发现这个部门员工的工作积极性都非常低，各个生产环节之中，员工普遍欠缺责任意识，常常敷衍了事。

对情况有基本了解之后，这位主管首先宣布，自己要到生产一线从事工作，要和大家站在一条线上为改善部门业绩而努力。这一消息引起大家强烈反响，因为这是以前主管从来没有做过的事情。在实践过程中，他工作积极努力，每天提早半小时上班，员工们很是感动，一位员工直言:“和他在一起一分钟，你就能感受到他浑身散发出来的光和热，他有一种强大的威严和魅力，激励我努力工作。”

结果，仅仅用了三个月的时间，整个部门生产状况获得好转。

表率是一种自然的影响力，它通过榜样的身教、品德的熏陶、情操的感染等潜移默化的作用，促使员工自觉地模仿和追随。案例中的这位主管之所以成功扭转了整个部门的生产状况，就在于他亲身示范的做法，对员工产生了强大的凝聚力、向心力和感召力，进而形成巨大的战斗力。

企业行不行，关键还在领导身上。领导只有加强表率作用，才能够带领好团队。

作表率并不是一件难事，就是要做榜样、做模范，就是要以身作则，率先垂范，它体现在工作中的每一个小节里。为此，你不妨时常拿以下这些问题问问自己："我希望自己的团队如何对待工作呢？那么我自己做到了吗？""我希望员工对客户说话正确得体，可是我说话时是否达到了同样标准？"……

艾奇布恩定理：摊子有多大，麻烦就有多少

"艾奇布恩定理"的提出者是英国史蒂芬·约瑟剧院导演亚伦·艾奇布恩。

有一段时间，史蒂芬·约瑟剧院就是否需要扩大规模，展开了一场十分激烈的讨论。期间，艾奇布恩提到了通用电器总裁杰克·韦尔奇的一段故事。

杰克·韦尔奇是全世界薪水最高的首席执行官，当有人问他一生最自豪的事情时，他说自己至少能叫出上千名通用电器高级管理人的名字，那时候他的员工大概有十七万人，"我知道他们的名字，他们的职责，还知道他们在做什么，这是我做得最自豪的一件事，

也是我能够胜任工作的证明。”

通过杰克·韦尔奇的故事，艾奇布恩指出，公司规模应以领导与员工相互间不陌生为原则。企业在做大过程中，如果你遇见员工而不认得，或忘了他的名字，那你的公司就太大了点。摊子一旦铺得过大，你就很难把它照顾周全，就难免会出现管理瓶颈，这就是“艾奇布恩定理”。

对于做企业，很多企业家的梦想是做大做强，将发展壮大当作第一要务。但是，企业越大越能立于不败之地吗？“艾奇布恩定理”启示我们，经营管理企业，小有小的好处，大有大的难处。有不少企业发展到一定阶段，就会陷入瓶颈，甚至突然倒闭，其最大原因就是避免不了的大企业病。

身为优步创始人兼首席执行官，特拉维斯·卡拉尼克是一个技术天才，智商也超于常人，他曾是一个乳臭未干的大学生，却凭借优步破茧成为亿万富翁。尝到“甜头”的卡拉尼克热情不断高涨，他希望优步在全球迅速扩张，为此他不停地扩大公司规模，不停地融资，优步估值一度高达 700 亿美元。

然而，自从 2016 年开始，优步公司超过 10 位高管先后离职，就连卡兰尼克后来也宣布将无限期休假。一家公司的核心高管如此集中地离职，包括创始人也无限期与公司脱离，这种现象可谓史无前例。为什么会出现这种情况呢？原来，在优步飞速发展的同时，卡拉尼克对于人才的驾驭能力并没有同步得到提升，挽留不住来自谷歌、苹果等世界一流企业的一流人才，人心涣散，导致发展越快，危机越大。

做企业并非越大越好，亦非越快越好。无论是“艾奇布恩定理”，还是优步的尴尬局面都已证明，“大而全”“大而虚”“大而弱”

的企业是经受不住市场考验的。这就好比一个优秀的摩托车手，当他的摩托车慢慢变成了赛车、飞机，甚至变成航空母舰，他还能像以前一样自如地驾驶吗？

企业成长谋求的是进步，而不是庞大的规模。为此，企业在实现规模经济时，一定要提防“大企业病”。注意不能为了做大而做大；对做大后的管理难题要有充分认识，要做好应对准备，让更多的人能够进入自我管理，自我提升的状态；谨慎行事，缓图发展，不可能一口吃出一个胖子。

那么，公司到底多大合适呢？这是没有定数的，每个企业都应当走适合自己的路。至于扩大规模与否，在于实际需要，也就是全在于领导者的管控能力。你的管控能力弱，公司一旦大了，可能就会问题丛生；管控能力越强，公司才能做大做强。所以，要想有所作为，必须提升自我能力。

第九章

chapter 9

财富智慧：人们总喜欢盯着损失，那收益怎么办？

达维多定律：不敢冒险，本身就已经是最大的冒险

“达维多定律”是由威廉·H.达维多提出并以其名字命名的。

多年前，达维多任职于英特尔公司高级行销主管和副总裁，他是一个骨子里充满着冒险精神的人。486 处理器作为英特尔的一款经典处理器，当时在市场上获得了众多赞誉。为了避开 IBM 公司的 PowerPCRISC 系列产品的挑战，1995 年，英特尔公司故意缩短 486 处理器的技术生命，支撑奔腾 586 的战略。

这一做法令人非常不解，许多新闻媒体争先报道。英特尔公司之所以这样做，是着眼于市场开发和利益分割的成效。一家企业要想在市场上占据主导地位，就必须有冒险勇气，必须第一个开发出新一代产品。如果被动地以第二或者第三家企业将新产品推进市场，那么获得的利益远不如第一家作为冒险者的企业，因为市场的第一代产品能够自动获得 50% 的市场份额。

事实证明，这一冒险决定带来的结果是，英特尔公司比竞争对手抢先一步生产出速度更快、体积更小的微处理器，并以其产品价格、性能上的优势打乱竞争对手的阵脚，使得电脑制造商和电脑用户不得不追随，进而始终处在市场竞争的制高点。

达维多定律揭示了以下取得成功的真谛：竞争就是要创造或抢占先机。市场是在不断变化的，竞争也是日益激烈的，只有先入市场，才能更容易获得较大的份额和高额的利润，从而掌握制定游戏规则的权力。要做到这一点，其前提是告别安于现状的被动，告别亦步亦趋的尴尬，敢想、敢干、敢挑战。

有人问农夫："你种麦子了吗？"

农夫："没，我担心天不下雨。"

那人又问："那你种棉花没？"

农夫："没，我担心虫子吃了棉花。"

那人再问："那你种了什么？"

农夫："什么也没种，我要确保安全。"

你可能拥有很多的梦想，然而是什么让你停滞不前呢？

想学喜欢的专业，怕毕业后就业难，没有好前途，于是选择保守的专业。

想和喜欢的人表白，怕被拒绝，不敢说，直到一次次错过。

想创业，又怕没有保障，害怕艰辛以及失败，于是继续干不满意的工作。

……

如果说不冒险就是安全，那么保守的选择，又会断送多少生命的可能性？

不敢冒险，本身就已经是最大的冒险，一事无成是再自然不过的事情。

每个人都渴望成功，可成功是什么？成功是人生路上的美丽花朵，它通常不会长在路边，而往往开在长满荆棘的深谷里，只有敢于冒险的人才能摘得到。

哥伦布还在求学时，偶然读到一本毕达哥拉斯的著作，得知地球原本是圆形的，这让他大胆地设想，如果地球真是圆形的，那么从大西洋出发，朝着西方一直航行，终有一天会到达东方的印度。当时教权流行“地方”学说，他们郑重地警告哥伦布，地球是平的而不是圆的，如果他一直向西航行，最终只会到达地球边缘，并且会掉下地球——这样简直就是自寻死路，和自杀没有什么区别。

为向众人证实“地圆说”，哥伦布决定亲自驾船向西航行。但水手们都觉得这次航海太不靠谱，没人愿意跟随他冒这个险。哥伦布先是哀求，接着劝导，最后采用恫吓的手段，强硬地将几位水手带上船。这的确是一次冒险之航行，这一路上，他们遭遇了暴风雨、瘟疫、迷路等，因长期漂流，不见陆地，水手们畏惧退缩，甚至几乎暴动，但哥伦布始终坚持勇往直前。最终，这次航海冒险取得了成功，哥伦布发现了美洲新大陆，开辟了人类历史上最伟大的大航海时代。

哥伦布如果不航海探险，能登上新大陆吗？经验告诉我们：冒险与收获常常结伴而行。

世上没有万无一失的成功之路，动态的人生总带有很大的随机性，往往变幻莫测，难以捉摸。所以，生命从本质上就是一次冒险，不是主动地迎接风险的挑战，便是被动地等待风险的降临。要想成功就得身怀几分勇往直前的执着和敢撞精神，用勇气代替懦弱和恐惧，用主动替换等待和退缩。

冒险的最大价值，在于发现生活的激情和惊喜，还原生活本来的样子。

人生舞台的大幕随时都可能拉开，关键是你勇敢尝试，还是选择躲避。

前景理论：人人都不想损失，却偏偏不把风险放在眼里

“前景理论”由美国心理学家丹尼尔·卡尼曼和阿莫斯·特沃斯基提出，该理论是一种风险决策的理论，由通过修正最大主观期望效用理论发展而来。

1987 年，卡尼曼和特沃斯基告知一组被试者在美国可能有一次亚洲疾病的暴发，而且预计有六百人因此丧命。现在有两种方案来应对：

方案 A：将救活二百人。

方案 B：有 1/3 概率救活所有人，2/3 概率一个也救不活。

两种方案平均都可以救活二百人，被试者会选择哪个方案呢？

事实证明，72% 的被试者赞成方案 A。

同时，另一组被试者被告知：方案 A 会导致四百人死亡；方案 B 则有 1/3 概率无人死亡，2/3 的概率六百人全部死亡。

尽管问题实际上是一样的，但 78% 的被试者选择了方案 B。

“前景理论”是一种风险决策理论，该理论力图描述“人们是如何进行决策的”这一问题——人们在面临获得时是风险规避的，往往小心翼翼，不愿冒险；而在面对失去时又是风险偏好的，变得甘冒风险。

在这个不确定的世界里，你的选择倾向是什么？

如果有两个冰激凌，配料和口味等方面完全相同，只不过一个比另外一个更大一点，你是不是愿意为大的冰淇淋支付更多的钱？

答案似乎毫无疑问是肯定的，人应该都是理性的，对于好的东西和坏的东西，人们总是愿意为好的东西支付更多的钱。可是，在现实生活中，人的决策却并不总是如此英明。

比如，当我们持有一只股票，在高点没有抛出，然后一路下跌，进入了彻彻底底的下降通道，这时的明智之举应是抛出该股票，而交易费用与预期的损失相比，是微不足道的。然而大多数是不会卖出这一只股票的，因为一旦确定损失，就再也追不回来了，所以往往倾向于放手一搏，冒风险赌一把。

在确定的好处和“赌一把”之间，做一个抉择，多数人会选择确定的好处；

在确定的坏处和“赌一把”之间，做一个抉择，多数人会选择“赌一把”。

为什么人们对损失比对获得更敏感，都不想有所损失，却偏偏不把风险放在眼里？

归根结底，人们真正憎恨的是损失，而不是风险。

生活中，我们经常面临得与失，多少次你小赚之后止盈丧失了巨额利润？多少次因悔恨、焦虑、贪婪，你内心煎熬？这一切的罪魁祸首就是你自己，内心的不安与彷徨，其实都是“前景理论”的表现，人很多时候的决策都是非理性的，了解“前景理论”，就是避免非理性决策失误的第一步。

沃伦·巴菲特是美国有史以来最伟大的投资家，他非常强调理性：“投资没有百分百安全，你必须是理性的。如果你不理解这一点，就别做投资。”在职业生涯里，巴菲特一直铭记这一投资经验，他从来不相信谁能预测市场，不管别人说得多么诱惑人他都能置若罔闻，也不会盲目地跟随市场牛熊追涨杀跌，而是理性地研究投资市场的变化。1957 年，巴菲特掌管的资金达到 30 万美元，到年末时很快升至 50 万美元，然后 1962 年 720 万美元、1964 年 2200 万美元，1967 年 6500 万美元……

在 2005 年到 2007 年猛涨的大牛市，很多投资家都被冲昏了头脑，疯狂地投入现金，巴菲特却非常理性，他认为凡事都会物极必反，他抵制住了多赚几百亿美元的诱惑，慢慢地收回自己的资本，将 200 多亿美元现金拿在手上，只赚微薄的存款利息，结果成功躲过 2008 年严重的金融危机，最终他在投资的道路上越走越远、越走越顺，终于成为华尔街上叱咤风云的“股神”。

选择，你是选择得，还是选择失，这都是你的选择。

不过在选择之前，请保持清醒的头脑，并克制自己，既不会让自己的欲望过分，也不会让自己失的可能性太多，尽可能让自己的生活处于一种均衡的状态——有弹性、有张力、有活力。只有做好这样看似简单且很有必要的工作，我们的个人财富才不会有所损失，生活才不会充满困惑。

鳄鱼法则：越是输不起，输得就越多

“鳄鱼法则”是经济学交易技术法则之一，该法则是从鳄鱼的捕食习性上参悟出来的。

鳄鱼是一种非常顽强凶残的动物，假如你不小心在河边被鳄鱼咬到了一条腿，你会怎么办？此时有人会试图用另一条腿把鳄鱼踹开，结果就会发现，鳄鱼会死死地同时咬住你的两条腿。你越是挣扎，被鳄鱼咬住的身体范围就越大，很有可能有致命危险。所以，万一鳄鱼咬住你的腿，最合理的解决办法就是放弃已经被咬住的那条腿，这样你不至于失去两条腿，甚至搭上自己的性命。

这就是有名的“鳄鱼法则”。舍弃一条腿——听上去是多么残酷的选择，但这是损失最小的方法。当你发现自己有所损失时，必须当断则断，立即止损，不得有任何延误，不得存有任何侥幸。

生活中，我们会遇到各种或困难或复杂场面，不少人只知直来直去，死守着一份不属于自己的爱情，坚持做一份不适合自己的工作……即便碰得头破血流也不肯放弃，结果往往是竭尽全力也于事无补，只能被绝望的思绪所困扰。即使最终强取而得，也耗费了超出常规几倍的资源，甚至造成严重损失。

柳君是某重点大学的高才生，毕业后她进入一家软件公司做程序员，但很快就被磨得没有了以前的那股锐气与豪情壮志，取而代之的是一副怨天尤人、不堪重负的样子。在所有的抱怨中，她提得最多的就是埋怨自己当初进错了行业，程序员工作枯燥，经常加班，压力大，自己并不具备优势。

当别人建议换一份工作时，柳君却说，我当初上大学时学的就是这个专业，付出了那么多，现在放弃这份工作，换个行业，再从零做起有些亏。“放弃了，以前所付出的努力不就都白干了吗？”同时，她还有这样的疑虑：“放弃了，再做别的，就一定能成功吗？”所以她继续选择了等待与死扛。

与柳君非常熟悉的几位朋友，在通过多方考虑，发现原行业不适合自己后，果断转行，现在已是大有所为。例如，柳君的一位大学同学，在五年前辞去了一份不适合自己的工作，然后开始创业，如今企业资产已经数千万了。而柳君的坚持依然没有进展，眼里满是“何必当初”的绝望。

由此可见，越是输不起，往往输得就越多。

在追求财富的道路上，我们选定了自己的目标后，不懈地坚持下去是一种执着，这种精神对于实现目标是必不可少的。但很多事情是不以人的意志为转移的，当你在一条路上走得很努力，却毫无头绪，跌跌撞撞时，与其一味地坚持，不如学会取舍，及时调整方向，重新走另一条路。

放弃自己的坚持，寻找新的出路，怎么说都不是一件简单的事。但为了整体的利益，你必须当断则断，有及时止损的理性，有断臂割肉的勇气。

在非洲大草原上，一头野狼和一群鬣狗因一头野牛的残骸发生冲突。尽管这头野狼非常凶猛，但鬣狗数量众多，混战中野狼被咬伤了一条后腿，那条拖在地上的后腿成为它无法摆脱的负担，屡次在对战中败阵。鬣狗一步步靠近，试图将野狼团团围住。这时野狼突然回头，一口咬断了自己的伤腿。鬣狗被野狼的举动吓呆了，都站在原地不敢向前，野狼以迅雷不及掩耳之势跑掉了。

野狼毅然决然地舍弃了伤腿，以便让自己逃脱。因为它明白，如果这时候不舍弃伤腿，那么失去的就将是自己的生命。

人生需要选择，也需要舍弃。两弊相衡取其轻，两利相权取其重。趋利避害，这正是放弃的实质。没有放下，哪有新生；没有舍弃，哪有得到。理性地分析得失，关键时刻及时主动放弃局部利益，你才能最终保全整体利益，这才是避免损失的重要方法，是面对生活的明智选择。

机会成本：越是不需要付出，就越是缺少回报

“机会成本”是经济学范畴的一个专业术语，是指做一个选择后所丧失的不做该选择而可能获得的最大利益。

假如你现在拥有一块土地，你可以用来种粮食，也可以用来开发房地产。若种粮食的话，每年的收益是两万元。若开发房地产的话，每年的收益是十万元。那么，当你将这块地用来种粮食时，你就不能选择开发房地产，你将放弃开发房地产的收益，那么你的机会成本就是十万元。当你将这块地用来开发房地产时，你就不能再选择种植粮食，你将放弃种植粮食的收益，那么你的机会成本就是两万元。

由此可见，机会成本并不是实际发生的成本，而是一定的资源，当你将它用到某一项活动时，而丧失掉的将其用于其他活动的最高收益。

每一次决定都会付出代价，抉择的代价就是机会成本的付出。简而言之，机会就是成本，是你做选择所付出的代价。

人生无时无刻不在选择，我们在选择某一种机会时，就意味着放弃了另一种机会。此时，不少人往往选择最有利于自己的事或物，但最佳的选择方案并非用最少的机会成本博取最大的利润，因为机会成本往往会随付出的代价改变而做出改变，许多事情越是不需要付出，就越是缺少回报。

丽兹·罗曼·加勒是一个优秀的美国女士，她曾经在《华尔街日报》波士顿分局工作。一天，公司分派加勒到纽约去工作，然而加勒想到出差需要四处奔波，过程会很辛苦，现在的收入已经很稳

定，生活也有条不紊，她思考了半天，拒绝了公司的建议。后来，公司安排另一位同事前往。

对于加勒而言，这件事严重影响了她的事业前景。一年后公司内部进行调整，那位同事升为部门主管，加勒依然是普通员工。当加勒怒气冲冲地去找公司理论的时候，公司却认为，这一切都源自加勒是一个没有事业心的女人，公司对她完全失去了兴趣和关注。

后来，加勒在其著作《哈佛女人》中曾提及此事，并说，“我当时做了看似最有利的选择，结果我的成功晚了好几年。”

人生的意义有两种衡量方法：一种是过程，一种是结局。一个不争的事情往往是，过程很轻松，结局很沉重。过程很辛苦，结局很美好。

宋歌和王曼是大学同学，二人都很年轻漂亮，能力相当，毕业在同一家公司工作，住同一间宿舍，可她们却过着不同的人生，宋歌似乎比王曼幸运得多，有美满的恋情，职位也不断提升，而王曼则是事业停滞的单身一族。

为什么会这样？

宿舍附近有一个公园，宋歌每天坚持晚饭后去公园跑步，王曼则猫在被窝里追电视剧。没多久，宋歌在公园跑步时，一个阳光帅气的男孩和她主动搭讪，一来二去，二人开始恋爱。王曼梦想着有一天也能收获这样的爱情，她也有过短暂的挣扎：要不要和宋歌一起去跑步，不行，跑步太辛苦了，她每天晚上还是猫在被窝里追剧，虽然轻松悠闲，却没有机会在公园认识一位有缘人。

这是一家事业单位，按时上下班，节假日全休，单位管三顿饭，不担心被辞退……宋歌和王曼经常跟人抱怨工作没意思，不同的是，后来宋歌报考了心理咨询师资格证考试，自此下班后要不停地复习备考，周末还要去郊区一所大学上课。看到宋歌这种令人身心俱惫的连轴转生活，王曼不解地问："你完全可以天天轻松上下班，周末舒舒服服在家享受，你为什么非要如此折腾呢？"

历经一番辛苦后，宋歌顺利拿到心理咨询师证书，在一所大学做起了辅导员，薪水是原来的两三倍，并且做得顺风顺水。而王曼，依然在原来的单位过得平庸无奇。

看看宋歌和王曼的生活，不必问哪一种生活更有意义，因为显而易见。

每个人做选择的根基就是他的价值观，价值观不同，就会做出不同的选择。一般来说，价值的大小又是相对的，比如诗人裴多菲在生命、爱情和自由三者中毅然选择了自由，因为他明白没有自由，生命和爱情就失去了意义和价值；孟子在鱼与熊掌不能兼得时选择了熊掌，因为他觉得熊掌更稀罕。

因此，做选择的时候，我们既要考虑机会成本，也要追求人生意义。如此，做出的选择结果会更优，更让自己满意和获利。

罗杰斯论断：成功需要未雨绸缪

"罗杰斯论断"是由美国 IBM 公司前总裁 P. 罗杰斯所提出的。

一家公司因意外着火，员工 A 及时抢救了重要资料，员工 B 及时报警并且认真做好了检查工作，防止灾难再次发生。但员工 C 却早已在火灾之前就向保卫科的有关负责人反映了消防隐患。

在这则事故中，诚然 A 和 B 都尽己所能将灾害的影响减小到最低，但只有 C 能将眼光放在火灾之前，若不是领导的置之不理，这场火灾本可以被扼杀在萌芽状态。

对一个成功的企业领导者来说，不应该让外界的不利环境来决定企业的命运，而是要未雨绸缪，这就是“罗杰斯论断”的重要内容。

一天，松鼠在树林里遇到一只山猪，只见山猪不停地在一棵大树旁磨牙。

松鼠不解地问山猪：“现在既没有别的动物来伤害你，也没有猎人来捕捉你，你为什么不躺下来休息，而是拼命磨牙呢？”

山猪笑着说：“现在磨牙正是时候，你想一想，一旦危险来临，我哪还有时间磨牙呀！现在磨得锋利点，等到用的时候就不会慌张了。”

未来是不可预测的，人也不是天天走好运的。在夏天就为冬天做准备，走运时要做倒霉的准备，这是聪明的做法。因为当悟到当初为什么不早点预防时，往往为时已晚。

前微软董事长比尔·盖茨就是一个善于未雨绸缪的人，当微软利润超过 20% 的时候，他强调利润可能会下降；当利润达到 22% 时，他还是说会下降；当成为世界第一的电脑产家时，他仍然说会下降。他总是告诫他的员工：“不论产品多棒，我们的公司离破产永远只差 18 个月。”这种危机意识促使比尔·盖茨不断地将产品进行更新换代，成为比尔·盖茨成功、微软壮大的原动力。

不少人或许早已习惯了没有压力的工作，甚至认为安全是理所当然的事，危机不可能会发生在自己身上，于是得过且过，结果一遇到突如其来的变化，就陷入手忙脚乱的困境。所以，即使处在舒适的环境中，我们也应该未雨绸缪，对意外有充足准备，做到有备无患，进而把损失降到最低。

孙苗上学时是同学们中的佼佼者，学习成绩好，而且长得漂亮。但她早就听人说过“一毕业就失业”的无奈，于是在校期间一直以吃苦为乐。课余时间，当舍友们窝在宿舍看电影、听歌时，她选择在图书馆认真看书，积极参与多个社团活动，她还在街道上发过传单，帮培训班做招生工作。

辛不辛苦，当然辛苦；累不累，十分累。但孙苗每一天都斗志满满，结果她的每一门功课都成绩优秀，还考取了普通话证、英语六级证、会计证等。当别的同学都在忙着四处寻找实习单位时，孙苗则因优秀的个人能力被当地一家大企业正式聘用，过上了朝九晚五的“白领”生活。

孙苗平时的工作主要负责公司财务，工资稳定，也不辛苦，有大把的时间打扮、交友、恋爱等。但孙苗意识到这样的生活太安逸了，于是向领导申请调进了市场部。市场开拓不是一件容易的事情，为了多争取一个客户，她骑着电动车，走街串巷，一家家地拜访客户，吃闭门羹、挨白眼成了家常便饭；为了签下一个大订单，她一个人待在他乡，冒着被偷被抢的风险，租住在偏僻的城中村……虽然辛苦，但孙苗确定，只有在市场部才能全面了解业务、熟悉流程，快速提高自身能力。

孙苗的业绩一路飘红，从销售精英、销售主管，再到销售部经理。事业正值顺风顺水之时，她毅然辞职，注册成立了一家贸易公司。当其他人正为如何保住一份“饭碗”而发愁时，孙苗已经凭借吃苦的精神和忘我的工作热情，带领着公司获得了可喜的发展，个人资产高达千万，引得人人艳羡。

不要只看眼前利益，将眼光放远，做到未雨绸缪，你就是最大的获利者。

布里丹毛驴效应：选择之前不犹豫，选择之后不后悔

“布利丹毛驴效应”，是14世纪法国经院哲学家布利丹，在一次议论自由问题时所讲述的一个寓言故事。

布里丹有一头小毛驴，他每天要向附近的农民买一堆草料来喂养小毛驴。一天，布里丹有事要出门两天，送草料的农民出于对哲学家的景仰，额外送了一堆一模一样的草料。谁知道，当第三天布里丹回来的时候，发现毛驴已经饿得奄奄一息，更令人不解的是，两堆草料居然一动没动。

原来，面对两堆数量、质量和原来相等的干草，布里丹的毛驴不知道应该先吃哪一捆才好。这头可怜的毛驴就这样站在原地，左看看，右瞅瞅，一会考虑数量，一会考虑质量，一会分析新鲜度，一会分析颜色，犹犹豫豫，来来回回，最终整整两天两夜没有进食，差点把自己饿死。

一只完全理性的驴处于两堆等量等质的干草中间，将会饿死，因为它不能对究竟该吃哪一堆干草做出理性的决定。通过这个寓言故事，人们常把决策中犹豫不决、难作决定的现象，称为“布利丹毛驴效应”。

从小到大，你可能定过很多目标，有过很多梦想，但有些由于某些原因到现在还未能实现。你是否想过，阻碍目标实现的最大障碍是什么？不少人喜欢用外在客观条件当借口。但事实是，我们总是激情满怀却又不停踌躇，正是这种犹豫和等待，造成了我们现在的无奈。

志彬是某高校的一位执教教授，每天除了上课就是备课，这种日子简单得可以一眼就望到头。志彬害怕这种一眼望到头的生活，不想平平淡淡过一生，总觉得要做些什么，来改变生活的轨迹。志彬其实很聪明，能力也不错，但他有个毛病，那就是做事总是犹犹豫豫，瞻前顾后。

志彬一直考虑“下海”，得知一些朋友在工作之余还会做一些兼职，收入还不错，于是也动了心，有朋友给他提供了一个夜校兼职授课的工作，他很感兴趣，但快到上课时，他犹豫了：“这样晚上就没足够的业余时间了，我再考虑考虑吧。”

前几年股市行情不错，有朋友建议志彬炒股，一开始他豪情冲天，但真去办股东卡时，他又犹豫道：“炒股有风险，万一挣不到钱反而赔了怎么办？我还是等等看吧。”结果这一担心，一犹豫，从“牛市”犹豫到“熊市”；

后来，志彬一直很心仪的一家文化公司向他抛出了“橄榄枝”，但志彬心里又开始了痛苦的思想斗争，“我在学校毕竟已经待了许多年，各方面的关系也构建得比较成熟，如果跳槽，那么就意味着一切都要重新开始……”他一直犹豫不决，结果有人前往应聘，那家单位再也没有空缺岗位。

就这样，志彬的生活一直没有改观，他一直为此抱怨连连。

人们都希望得到最佳的结果，常常在抉择之前反复权衡利弊，再三仔细斟酌，甚至犹豫不决，举棋不定。但在很多情况下，机会总是稍纵即逝的，并没有留下足够的时间让我们去反复思考。哪一个都不敢选的结果，很有可能是哪一个都得不到。犹豫是人生的大敌，没有任何实际用处。

印度有一位知名的哲学家，天生一股特殊的迷人气质，吸引了无数女性。某天，一个漂亮的女子来敲他的门，诚恳地说："让我做你的妻子吧！错过我，你将再也找不到比我更爱你的女人。"

哲学家虽然也很中意这个女子，但仍回答说："让我考虑考虑。"

接下来，哲学家用他一贯研究学问的精神，将结婚和不结婚的优点和缺点分别罗列出来，却发现两种选择好坏均等，于是他陷入了不知如何选择的苦恼之中。又经过很长一段时间的思考后，他觉得不结婚的处境自己是了解的，但结婚会是怎样的情况自己还不知道，于是决定答应那个女人的求婚。

哲学家来到女人的家中，询问女人的母亲："你的女儿呢？请你告诉她，我已经考虑清楚了，我决定娶她为妻！"

女人的母亲回答："你来晚了十年，我女儿现在已是三个孩子的妈了！"

听闻，哲学家后悔莫及，整日郁闷不乐，第二年就抑郁成疾。临死时，他回顾自己的人生之后，将之前所有的著作丢入火堆，只留下一段对人生的批注——如果将人生一分为二，前半段人生哲学是"不犹豫"，后半段人生哲学是"不后悔"。

今日的无奈，往往正是源自于昨日的犹豫和等待。

选择之前不犹豫，选择之后不后悔，这是对"布里丹毛驴效应"最好的反击。

想要学英语时，立刻拿起书本背单词；想要减肥，立刻放下手里的蛋糕和薯片；想要爱一个人，立刻散发出迷人的荷尔蒙；想要学理财，立刻学以致用，小试牛刀……把犹豫不决的时间节省下来，去做自己真正想做的事，你会发现，成功的概率总是大得多，人生将会出现更多可能性。

沃尔森法则：信息才是最宝贵的财富

“沃尔森法则”出自美国知名企业家S.M.沃尔森。

有一个普通的年轻人，他其貌不扬，学历平平，却已经拥有千万财富，并且都是炒股所得。他最令人称道的是，当很多人都栽在股市的时候，他却能在很短的时间内选中潜力股，然后通过低买高卖赚取利润。他是如何判断哪一只是潜力股的？有了解内幕的人透露，在股票一级市场购买新股前，他都会乔装打扮一番，直接到新股发行企业去进行认真的调查。正是通过这种方式，他采集到了关于企业的最准确信息和情报。做出正确的决策，迅速地将其转化为个人财富。

把信息放在第一位，金钱就会滚滚而来，这即是“沃尔森法则”。

我们常将事业、生意、产业、行业等比作蛋糕，将从事相关行业的企业和个人比作分享蛋糕的人。在变幻莫测的市场竞争中，如何分享到较大的那一块蛋糕呢？个人能力、良好机遇、政策扶持、专业技术等，这些都是重要原因，但如果无法及时把握市场前沿信息，这一切都是无济于事的。

当做好某一产品进入市场的准备工作后，还没上市，却发现市场上已推出这种同类产品，且一上市就受到了追捧；

当组织科技人员攻克某一产品的技术难关，还来不及庆功时，却发现该产品已经被新的产品所代替；

……

这样的事情几乎每天都在发生，因为信息的落后和闭塞，即使你再努力也总是走在别人后面，导致一番心血付诸东流，想必谁都会痛心疾首。

现代社会是一个信息社会，在同样条件下，获取信息最全面的人，就会抢得先机。比如，你获得的招聘信息多了，你的就业就相对容易了；你了解市场的新动向，你就更容易抓住商机；你知道了竞争对手的新举措，果断迅速采取行动，你就能在竞争中占据优势。所以，关注信息就是关注财富。

所以，很多高明的企业家都肯在信息收集、市场调研等方面投资，许多世界级大公司用于信息技术研究的资金，平均占它们总支出的三分之一还多。

20 世纪 60 年代以前，瑞士名表行欧米茄公司一直是历届奥运会的计时器供应商，并因此赚取了大量财富。1960 年，日本成功争取到 1964 年奥运会的主办权。日本精工舍钟表公司想争取本次奥运会的计时器供应权，但如何打败欧米茄公司呢？为深入了解自己的对手，精工舍派出一支高素质的“间谍”队伍对欧米茄的计时器进行了侦察，于是发现，欧米茄公司的计时器都是机械表式的，误差较大。

了解到这一信息后，精工舍明白了，要想战胜欧米茄，就必须在减少计时器的误差上下功夫。接下来，他们组织了大批研发人员开发一种误差更小的计时器，最终将计时器每天的运行误差减少到 0.2 秒，而欧米茄计时器的误差则在 30 秒以上，最终这款计时器赢得了国际奥委会官员的认同，这就是 951 Ⅱ 石英表的问世。

精工舍之所以能打败欧米茄，得益于他们对竞争对手的全面了解，和针对其弱点进行战略突破的策略。

在财富战争中，往往一个微小的信息就能决定你在市场竞争中能拿到的蛋糕份额。一个人能得到多少财富，往往并不在于你的努力，而是决定于你知道多少。

市场经济时代，市场信息情况是瞬息万变的。因此，我们一定要有信息意识，及时了解行业的最新信息；经常参加行业或其他专业性强的社团活动，如展销会、贸易会等；多对优秀的同行实地观摩，定期“侦查”竞争对手，收集对方的宣传单、广告、产品介绍等，做到“知己知彼百战不殆”。

第十章

chapter10

人际交往：与人相处总比你想得要复杂一些

相悦定律：喜欢才能引发喜欢

多年前，美国社会心理学家艾略特·阿伦森曾做过这样一个实验：

阿伦森让一组志愿者“无意中”听到一个刚和他一起工作的人给了他很高的评价，“这人能力很棒”“他性格好，好相处”“我喜欢和他一起工作”……同时，让另一组志愿者也“无意中”听到这个人给予的负面评价，“他缺乏一定的责任感，令我厌恶”“他职位提升得快，多半是因为爱拍马屁”……

接着，当这些人再次一起工作时，阿伦森发现两组志愿者对于评价者有着明显的不同态度。听到正面评价的那组志愿者，普遍更喜欢那个喜欢自己的同伴；而被给予负面评价的那组志愿者，则普遍厌恶那个不喜欢自己的同伴。

人与人在感情上的融洽和相互喜欢，可以强化人际间的相互吸引。也就是说，决定一个人是否喜欢另一个人的重要因素是，对方是否也喜欢自己。更简单地说，喜欢才能引发喜欢，这就是“相悦定律”。

相信大家都听过“狗是人类最好的朋友”这句话，有的人也会把狗当成孩子来养。但你是否想过，为什么会有那么多人喜欢狗?

我们喜欢狗的原因很多，比如狗很忠诚，狗能看家护院，狗很听话，狗很乖巧，等等。但更多的原因是，狗什么都没做，只是单纯地喜欢我们。狗狗见到主人时，就会摇头摆尾，左蹭蹭，右蹭蹭，从内心流露出来的欢喜，让人看了也欢喜，心情自然也就跟着高兴了，所以我们也喜欢它们。

“相悦定律”就是这样简单，真诚地喜欢他人，他人自然会用友情来回馈我们，这是人际关系中最有效的正面反馈。也就是说，我们要想让对方喜欢自己，那我们得先要发自内心地喜欢对方，我们的情感会通过语言、表情、动作等各种方式流露出来，然后别人会不知不觉地喜欢上我们。

霍华·舍斯顿是美国公认的魔术大师，在四十年的表演生涯中，他走遍了世界各地表演了无数使人称奇的魔术，约有六千万人观看过他的魔术表演，而且广受欢迎。舍斯顿没有受到过专业的教育，他的魔术知识也不是最丰富的。那么，舍斯顿是如何获得如此大的成功?他坦言因为两个独特的优势。

舍斯顿的第一个优势是勤奋好学，他认真而努力地学习魔术表演，他的每一个细微动作、每一个语气都是经过仔细研究的，他摸透了观众的心理，所以他的一举一动能紧紧地牵动着观众的视线和内心。舍斯顿的第二个优势是真诚地热爱自己的观众，他每次上了舞台，都要在心里重复说几遍“我爱这些观众”。这个优势不需要通过勤学苦练来掌握，但舍斯顿认为这比技巧更重要，“我把看家本领拿出来，尽力让观众感到快乐。结果，越来越多的人来看我的表演，我过上了想过的生活。”

喜欢是一个互逆的过程，了解了“相悦定律”，我们在日常交际中要充分运用好这个定律——用热情友善的态度对待别人，要善于表达自己的喜欢，不要轻易说不好听的话，更不要随随便便当面指责他人的缺点，这样都能给他人带来极其愉悦的内心体验，从而取得别人更多的信任与喜爱。

曾经时任新加坡驻美国大使的Chan Heng Chee女士，是一个非常受欢迎的女人。举行各种晚宴的时候，只要她一出现，会场的焦点就聚集在她一个人的身上，人们的目光一直追随着她，甚至很多人都情不自禁地朝她走去。是Chan Heng Chee女士美丽性感吗？恐怕不是！要知道，她现在已经是一位六十多岁、满脸皱纹、步履蹒跚的老人。不过，Chan Heng Chee女士总是热情地和在场的每一位朋友打招呼，“嗨，你好！近期你过得不错吧？”“有段时间没见了，我很惦念你”……

Chan Heng Chee女士热情开朗，并善于将爱意传递给他人，久而久之，她成了各种活动中公认的主角，人们对她的好感与日俱增。

需要注意的是，我们在交往中要保持相对的理性，不要一味受到“相悦定律”的驱动，只和对我们说好话、对自己好、喜欢自己的人交往，如此很容易被用心不良之人利用。另外，不要只和自己喜欢的人交往，要知道，那些我们不太喜欢的人身上也有长处和优点，他们或许也会是良师益友。

首因效应：第一印象总是很重要

“首因效应”由美国心理学家洛钦斯首先提出，反映了人际交往中主体信息出现的次序对印象形成所产生的影响。

1957 年，洛钦斯做了这样一个实验：

洛钦斯杜撰出一个名叫詹姆的学生，并讲述他的不同的生活片段。在一个故事中，洛钦斯把詹姆描写成一个热情开朗的人，另一个故事则把他写成一个高傲冷漠的人。然后，洛钦斯把这两个故事分别给 ABCD 四组水平相当的中学生阅读。其中 AB 两组中学生同时阅读了詹姆两个故事，区别是 A 组先读了詹姆热情开朗的故事，然后再读描写他高傲冷漠的故事，而 B 组读到的故事顺序则相反。剩下的 C 组只读詹姆热情开朗的故事，D 组则只读詹姆高傲冷漠的故事。

最后，洛钦斯考察这四组被试者对詹姆的印象。结果表明，A 组中有 78% 的人认为詹姆是个比较热情开朗的人，B 组有 82% 的人认为詹姆是个高傲冷漠的人，而 C 组有 95% 的人认为詹姆热情开朗，D 组有 97% 的人认为詹姆高傲冷漠。洛钦斯的研究证明了第一印象对认知的影响，并将其称为“首因效应”。

由“首因效应”看出，交往双方形成的第一印象对今后交往关系的影响。

我们大概都有这种奇妙的经历，初见一个人几秒钟，对话不超过三句，就能知道自己喜不喜欢他，甚至能推测自己能不能和他成为朋友；许多情侣回忆初次见面的一刻，也都有“眼前一亮”的心动，甚至只需看一眼就会爱上对方，瞬间的心跳扑通扑通，“在哪里，在哪里见过你”，简直太神奇了……

这就是“首因效应”在起作用，两个人相互接触的时候，在初见的一瞬间彼此之间就会给另一方某种感觉，能够传达给对方某种信息，决定是要接受他，走进他，还是厌恶她，远离他。简单点说，如果见面的第一印象相互产生的都是正面、积极的印象，那么双方就会愉快地继续交往下去。

在“首因效应”下，虽然这些第一印象并非总是正确的，但却是最鲜明、最牢固的，并且决定着以后双方交往的进程。一眨眼的工夫，就把人盖棺定论了。你会认为这不公平，你想别人应该认识真实的你。这也许不公平，但人的心理往往是在无意识的情况下进行，无关乎公平或合理性。

英国女王在一封给威尔士王子的信中写道：“穿着第一时间显示人的外表，人们在判定人的心态，以及形成对这个人的观感时，通常凭他的外表，而且常常这样判定，因为外表是看得见的，而其他则看不见，基于这一点，穿着特别重要……”英国女王的这一段说辞，正是“首因效应”的完美注释。

所以，如果你渴望得到他人的关注，渴望拥有好人缘，那么从现在开始，重视“首因效应”的影响。给自己塑造一个良好的个人形象，第一时间突显自己的优点，让别人看一眼就受到吸引，想进一步地了解你。

化妆品业的“大姐大”艾斯蒂·劳达的亲身经历，就是最好的范例。

艾斯蒂·劳达出身贫寒，没有受过太多教育。起初，她不过是帮助叔叔推销他所制作的护肤膏，她每天走街串巷，希望多卖出一些产品，但效果不是很理想。她想，是不是因为自己卖的东西档次不够？于是，她将产品定位于高档次上，可结果还是一样。当她第N次遭到客户的拒绝后，她终于忍不住问对方：“您为什么拒绝购买我的产品吗？是我的推销技巧有问题吗？”客户的回答让艾斯蒂铭记一生：“说实话，你的销售技巧很打动人心，而且你的态度非常殷勤，但是你的形象不好。你的形象告诉我，你根本就是一个低档次的人，这让我如何相信你的产品是高档次的？”

知道自己的失败原因后，艾斯蒂决定重新改造和包装自己，她模仿名门贵妇，无论是穿着打扮还是举止投足，都与她们不相上下。此外，她还注重培养自己的自信，让整个人看上去魅力四射。经过包装，她从一个“低档次”的人摇身一变成了贵妇的代言人，给众人留下了美好的第一印象。之后，艾斯蒂的产品销量越来越好，最终她建立了自己的化妆品王国，成为世界化妆界的女王。

艾斯蒂的人生为什么发生了巨大转变呢？就是利用了人们的“首因效应”。

第一印象就是效率，就是业绩，就是经济效益。

所以，千万不要成天只知道忙于工作，而忽视了自身良好形象的塑造。当你开始特别关注自身的形象，并且第一次就以好形象出镜，给别人呈现一个完美印象时，相信你浑身散发出的魅力会让周围人看一眼就喜欢，进而把别人的信赖、好感吸引到自己身上来，节省不少后续的精力。

互惠原则：利益永远比感情更持久

丹尼斯·雷根是美国康奈尔大学的一位教授，他曾做过一个有趣的实验。

在一场活动中，雷根教授邀请了一些志愿者前来参与。活动开始前，雷根的助手乔和每一位志愿者都进行了愉快的交谈，不同的是他只给其中一部分人免费送了饮料，另一部分人则什么都没有送。然后，乔恳请志愿者们帮自己一个忙，“我在销售一种新彩票，如果我卖掉的彩票最多，我就可以拿到一笔五十美元的奖金，你们可不可以考虑购买几张彩票？”结果显示，收到乔赠送饮料的那些志愿者大部分人都乐意帮忙，他们购买的彩票数量远远多于没有被赠送饮料的那些人。

更有趣的是，后来雷根教授询问志愿者们对乔的印象以及喜爱程度。结果是，接受乔所送饮料的那些志愿者大多给予了乔很好的评价，有些人甚至称乔是自己很重要的朋友。即便是那些并不喜欢乔的人也表示，如果以后自己或家人、朋友有购买彩票的意愿，一定会主动联系乔，乐意帮他的忙。

由此，雷根教授提出了著名的“互惠法则”，即小恩小惠会给人造成“负债感”，这种“负债感”会使人想方设法去回报对方，产生强烈的“我必须也为他做点什么”的想法，更轻易接受在平时可能会拒绝的要求。即使对方只是一个陌生人，或者是自己并不喜欢的人，也是如此。

在一般的认知中，我们更愿意答应朋友以及喜爱的人的要求，但是“互惠法则”否定了这个常识，利益永远比感情更持久。互惠是一种本能，是一种来源于人类社会形成早期的本能。人类之所以成为人类，正是因为互惠本能，我们的祖先在一个公平的偿还网络中分享他们的食物和技能。

在生活中，或许你可能尚未发现互惠原则的影响力，那么不妨回想一下：

比如，假如有人替你背了一次“黑锅”，你是不是会将这份恩情铭记在心？日后在适当的时候，主动向对方施以援手？

比如，你和一位同事关系普普通通，但你结婚时同事送上五百元的礼金，那么等对方结婚的时候，你是不是也会包至少五百的红包作为回赠？

再比如，一些聪明的商家经常会举办免费试吃、免费试穿等活动，这种“免费”从眼前来看是不盈利的，实际上却是一种典型的营销方式，不过是为了激发顾客的互惠原则，让顾客感到欠了一个“人情”，就会因不好意思拒绝而购买产品。

……

互惠的心理机制，简单来说就像一种“礼尚往来”，你送我东西，我肯定也还你。因为对方有“惠”于我们，所以我们必须还之以“惠”。收了他人的人情，要还的就是这份“人情债”。我们常说的“知恩图报”“投桃送李”等，大致也就是这种意思。

一位哲学教授正在举办一场哲学知识的宣讲班，他注意到，在一群年轻的大学生中间坐着一位中年人，他上课的时听讲很认真，还时不时地提出一些问题同教授进行讨论。在宣讲班结束后的一天，这位天天来听讲的中年人找到了哲学教授，恳地说：“这次的宣讲会对我来说太有益了，在这期间我多次看我记下的听课笔记，发现您有很多话都说得很好。但是我现在仍然有几个地方有点疑问，所以就冒昧地找您来了。”教授对这样一个好学的人自然十分热情，欣然给出了问题的详细解答。在回答完中年人的问题以后，教授向中年人说出了自己心中的疑惑：“抱歉，我能知道你的职业吗？”中年男子很直接地回答说：“我是人寿保险公司的推销员。”

哲学教授平时对保险推销员的印象并不怎么好，甚至有些反感。但是这位推销员能够每天坚持上自己的课程，并且能够提出非常有深度的问题，这使他不由得对这位推销员有了新的看法。看到哲学教授的迟疑，中年推销员开口说：“那请问教授，我以后遇到哲学问题能不能登门拜访呢？”教授听了连忙说：“当然可以，这是我家的地址。”说完，教授递给了推销员一张写着自己住址的纸条。

在这以后，推销员三番五次地带着问题和诚意来拜访哲学教授。当推销员提议教授应该买一份保险的时候，教授爽快地答应了。

这无疑是一个聪明的推销员，也是一位聪明的心理高手。教授不喜欢推销员，但是哲学课需要有人听，他需要感到自身价值所在。这个时候，保险推销员担当起了这个角色。就这样，在某种程度上，教授在心里认为自己受到了推销员的恩惠，作为回报，那么买推销员的一份保险，也变得理所应当。

这就是互惠的力量——想要有求于人，就先给予对方恩惠。只要对方接受了，那么，接下来的说服就不会花太大的力气。

古德曼定律：比起“连珠炮”，人们往往更喜欢沉默的人

“古德曼定律”又称“沉默效应”，是美国加州大学心理学教授古德曼的重要理论。

一直以来，古德曼专注于对成功人士的研究，对历史上大量的政界和商界名人深入了解后，他发现成功人士都有类似的行为习惯，其中他特别强调了法国国王路易十四的一个习惯：

路易十四登基之初，由他的母亲安娜摄政，宰相马扎然辅政，直到马扎然死后他才真正开始亲政。那些大臣们时常无视路易十四的存在，经常因为某个不同的政见而争论不休，这时候路易十四不会做任何的表示，他只会坐在一边，安静地听着，等到双方争论完后，他会说自己会考虑的，然后便转身离开。渐渐地，“我会考虑的”成为路易十四应对各种问题的经典回复。

表面上看，路易十四的这种表现是很糟糕的，但实际上，他正是通过恰当地保持沉默而提升了自己的权威，巩固了自己的地位，

而他的缄默寡言则使大臣们猜不透他的真实意图，只好诚惶诚恐地听从他的命令。最终，路易十四使自己手里的中央集权达到了巅峰，他征服了大半个欧洲，执政长达七十二年，使法国成为当时欧洲最强大的国家。

由此，古德曼指出："沉默在谈话中的作用，就相当于零在数学中的作用。尽管是零，却很关键。没有沉默，一切交流都无法进行。"没有沉默就没有沟通，这正是"古德曼定律"的基本原理。

没有沉默就没有沟通，这一结论似乎与常识相悖，因为在我们大多数人印象里，口才能体现一个人的品格、修养、才学和能力等。能说会道的人，往往能给人留下良好的印象，达到事半功倍之效。但经常将口才作为交际能力高低的评判标准，这既是一种误区，又是一种风险。

在人与人沟通的过程中，表达观点是必不可少的，但很多时候，比起"连珠炮"，人们往往更喜欢沉默的人。

如果你不相信，不妨试想，现在你身边有两个人。一个人叽叽喳喳，喋喋不休地说个不停；另一个人则低着头不言语，利用目光、神态、表情、动作等各种因素，或明或暗地表达自己的思想感情，谁更有吸引力？显而易见是后者，你会情不自禁地被对方所折服，因为沉默更容易产生震慑效果。

与此同时，用语言表达自己，很有可能说得越多，暴露得也就越多。有些人在人际中时常陷入被动，原因就在于太急于表达，一味地想到什么就说什么，而没有时间考虑自己的处境和地位，最终必然暴露自身的意图，被对方牵着鼻子走。因此，了解并利用好"古德曼定律"至关重要。

有位著名的女谈判专家替她的邻居与保险公司交涉赔偿事宜。

理赔员是一个能说会道的人，他首先发表了意见："小姐，我知道你是谈判专家，一向都是针对巨额款项谈判。在谈判之前我要提前申明，我恐怕无法承受你的要价，因为我们公司只出 100 美元的赔偿金，你觉得如何？"

女专家一言不发，表情严肃地沉默着。根据以往经验，不论对方提出的条件如何，都应表示出不满意，此时，沉默就派上了用场。因为，当对方提出第一个条件后，总是暗示着可以提出第二个、第三个……

果然，理赔员沉不住气了："抱歉，请不要介意我刚才的提议，再加一些，200 美元如何？"

良久的沉默后，女谈判专家开腔了："抱歉，无法接受。"

理赔员继续说："好吧，那么 300 美元如何？"

女谈判专家不说话，只是摇摇头，耸耸肩。

理赔员显得有点慌了："好吧，400 美元。"

女谈判专家依然不说话，眼睛一直盯着理赔员看。

"那就赔 500 美元吧！再多的话我们可真接受不了了。"

就这样，女谈判专家只是重复着她良久的沉默，重复着她严肃的表情。致使这件理赔案终于在 500 美元的条件下达成协议，而邻居原本只希望能要到 300 美元而已！

这位女谈判专家的沟通艺术体现在哪儿？关键就是沉默。

善用"古德曼定律"的人能在沟通中以静制动，用沉默隐藏自己的真实想法与意图，让对方无法洞察你的意图，沉不住气，自乱阵脚，一旦时机成熟时，自己便能一举掌握主动权，这远比唇枪舌剑更有力量，不是吗？

换位思考定律：认同对方，然后再说服他

1977年，斯坦福大学的社会心理学教授李·罗斯进行了一项实验。

罗斯选定了一群大学生做志愿者，并让他们做出一个选择：是否愿意挂上写着“来乔伊饭店吃饭”的广告牌在校园里闲逛半小时。有大约一半的人同意挂上广告牌，另一半则不同意。然后，罗斯让志愿者们猜测其他人是否会同意挂广告牌，同时评价那些与自己选择不一致的人的特征属性。

那些同意挂广告牌的志愿者，大部分人认为其他人也会同意这么做，并且说：“挂着广告牌在校园里闲逛，这有什么不好？那些拒绝的人真矫情！”而那些拒绝挂广告牌的志愿者，大部分人认为其他人也不会同意这么做，并且说：“那种行为实在太傻了，那些同意的人真幼稚，无法想象。”

再后来，罗斯又引导这些志愿者尝试着理解对立的一方，比如，那些拒绝挂广告牌的人害怕遇到熟人、被人嘲笑等；那些同意挂广告牌的人很勇敢，很开朗，或者纯粹是出于好奇，等等，结果这些志愿者们都从心理上接受了另一方的做法，即便自己不会选择那样的行为，也表示可以理解。

李·罗斯的这项实验论证了，人们在认知他人时总喜欢把自己的特性强加在他人身上，这正是人际交往产生矛盾的所在。而当我们站在对方的立场上理解对方的想法、感受，从对方的立场来看事情，以对方的心境思考问题时，或许就能理解甚至认同别人的观点和行为等，这就是“换位思考定律”。

在生活中，由于每个人的成长背景、受教育程度，所处环境以

及心境不同，对同一事物的认知也是不尽相同的。在人际交往中，不少人习惯从自己的角度去看待问题，对别人的观点和行为做出主观判断。一遇到隔阂和矛盾，就抱怨和指责他人，而不知从自身找原因，这就容易造成矛盾冲突。

在一所农院里，一头猪，一只绵羊和一头奶牛，同时被关在同一个畜栏里。

一天，主人将猪从畜栏里捉了出去，只听猪大声吼叫，一直拼命地反抗。

绵羊和奶牛抱怨道："我们经常被主人捉去，都没像你这样大呼小叫。"

猪听了回应道："主人捉你们，只是要你们的毛和乳汁，但是捉我，却是要我的命啊！"

立场不同，所处环境不同的人，是很难了解对方的感受的。

如果你希望远离矛盾冲突，并在人际场上左右逢源，不妨利用"换位思考定律"，其实质就是设身处地为他人着想，即想人所想，理解至上。

有这样一种现象：我们要想让一头牛乖乖听话是很难，它很可能会踢人、顶人等，但只用一个小小的铁环穿进牛鼻子，就可以使牛乖乖听话。即使是几岁的小孩儿也能将这样的庞然大物玩弄于股掌之上。人的"牛鼻子"是什么？内心的情绪和想法。通过换位思考，我们就能捉住人的"牛鼻子"。

人们常常遇到这样一种情景：分明自己观点是正确的时候，却怎么也说服不了对方。其实光有正确的观点并不一定能成功，重要的是情感的征服，只有善于运用"换位思考定律"的技巧，表现出与对方站在同一条战线上，你的话语才更具说服力，才能更有效地引导对方，从而使对方心悦诚服。

一个寒冷的冬天，苏明从山东乘坐一列火车到辽宁出差。每逢火车抵达停靠站点时，邻座的一个年轻大学生就会打开窗户，四处观看外面的风景。

苏明衣服穿得有些单薄，窗户一开，寒风就灌了进来，他冻得直打哆嗦，于是生气地对大学生说："大冬天的，你为什么老是开窗户？你不嫌冷，我们还嫌冷。"

大学生极不情愿地关上了窗户，但下一次依然会打开窗户。

苏明感到气愤极了，正想和这位大学生大吵一架。这时，坐在对面的一位老人和气地问大学生："小伙子，你以前坐过这列火车吗？"

大学生回答："这是第一次，所以想多看看。"

老人微笑着，继续说道："年轻人都想多看看外面的世界，我年轻的时候也是一样，充满了好奇心，但是冬天风大，要是被冷风吹感冒了，你在车上会很难受。"

大学生听后，立马关上了窗户，一路上再也没有打开过。

理解对方并不代表认输，事例中的老人通过换位思考，站在大学生的立场上看问题，让对方感受到诚挚的关心，于是迅速消除隔阂与对抗，化干戈为玉帛。

随时从别人角度着想，多思考"假如我是他会怎样"，少苛求，多宽容；少埋怨，多理解；少指责，多尊重，相信你最终一定可以达成所愿。

完美笑话公式：幽默，人际交往最好的"润滑剂"

为了证实看似严肃的科学家其实也有幽默感，美国科学家、心

理学家和喜剧表演艺术家，经过一番研究和讨论后，提出一个完美笑话公式：x = (fl + no)/po

X 表示笑话的完美程度，f 表示笑料的有趣程度，l 表示笑话的长度，n 表示听笑话者笑得前仰后合的次数，o 表示引起尴尬的程度，p 表示双关语的数量。X 的值在 0~200，200 分的笑话就是最完美的笑话。

根据这一公式，人们不仅可以批量生产笑话，而且还可以得出最完美的笑话，这样的笑话虽然叙述的语句十分简练，但却具有戏剧因素的妙语让人笑得前仰后合，但又不会引起社交场合的尴尬。其中，笑话成功的关键在于讲话人的幽默感，能够讲出让人乐不可支的妙语，可见幽默至关重要。

仔细观察一下，我们不难发现这样一些现象：有些人其貌不扬，却比许多俊男靓女更引人注目；有些人资历平平，可总有好运气、财富和名誉追赶他们……这是为什么呢？这一切看似不可思议，实际上却暗藏着一个真实的秘密——他们掌握了“幽默”这一沟通技巧。

幽默是一种最有趣、最生动、最实用的沟通方法，是人际交往最好的“润滑剂”。和机智风趣、谈吐幽默的人在一起，我们会有一种轻松感、精神愉快，彼此气氛融洽，沟通起来更愉快；幽默的人可以活跃气氛，把紧张的环境顷刻变得欢畅，即便表达反对意见也不让人感到反感……

下面我们看看美国著名主持人穆哈米与明星雷利的一段幽默对答。

穆哈米曾主持了一场晚会，雷利作为主要嘉宾曾出席了这一活动。当时发生了令人动容的一幕，鬓发斑白、满脸沧桑的雷利拄着拐杖，颤颤巍巍地走上台来，很艰难地在台上就座。看到这样一个老人，人们会很自然地为他的身体担心，所以穆哈米开口问道：“您经常去看医生吗？”

雷利慢吞吞地回答道：“是的，我常去看。”

“听说您身体一直硬朗，为什么要常看医生？”穆哈米好奇地追问道。

“这个嘛，很简单”，雷利回答，“因为病人常去看医生，这样医生才能活下去。”

台下顿时爆发出一阵阵热烈的掌声，人们为雷利的乐观精神和机智语言喝彩。

穆哈米接着问：“我还听说你常去医药店买药，真的吗？”

“是的，常去”，雷利摊开双手，“因为药店老板也得活下去。”

台下又一阵掌声……

“你买那么多药，是因为你常吃药吗？还是别的原因，比如……”穆哈米又问道。

“不，我常把药扔掉”，雷利打断了穆哈米的话，“因为我也要活下去。”

穆哈米也被雷利逗乐了，转而问另一个问题：“嫂子最近好吗？”

雷利耸了耸肩，说道：“还是那一个，没换。”

雷利的话刚一说完，大家都捧腹大笑起来。

……

穆哈米与雷利机智的问答幽默透了，表现出非凡的灵敏和机智，而且表述的十分自然，所以台下的观众始终兴致盎然，笑声、喝彩声不断，气氛十分热烈。

有人会说，幽默就是开玩笑，于是便油腔滑调、插科打诨，甚至讲一些趣味低下的“段子”，这显然是对完美笑话公式的片面理解。幽默绝不是简单地制造一些笑料，而是智慧和风趣的体现，给人意味深长、回味无穷之感。

《不列颠百科全书》被认为是当今世界上最知名、最权威的百科全书，囊括了哲学、数学、医学、考古学等各方面的知识。据说此书最初几版曾收纳“爱情”条目，并用了五页的篇幅来“解说”，内容非常具体。但“二战”后这一条目却被删掉了，在书中新增“原子弹”条目，而且占了原来“爱情”条目的篇幅。

有一位读者为此觉得很不满，气愤地斥责编辑部：“你们是一群多么无知的家伙，你们鄙弃了人类最美妙的情感，却热衷于杀人的兵器。”这话可不怎么顺耳，但该书的总编辑约斯特却没有恶语相向，他幽默地做出了这样的解释：“亲爱的读者，你说的一点也不错，爱情的确是一种美妙的情感。所以，对于爱情，读百科全书不如亲身体验；而对于原子弹，亲身尝试不如读这本书好。”

面对读者的指责和嘲讽，约斯特的解释多么幽默、多么豁达，更主要的是这段话还包含了很深的哲理，将爱情和原子弹进行比拟，既有礼有节地回答了读者的质问，又表达了他和读者一样，盼望人类最美妙的感情、不愿原子弹真正成为“杀人凶手”的思想，也显示出了机智雄辩的魅力。

幽默往往是智慧和风趣的体现，是一种高层次的语言艺术和思维智慧。为此，我们平时要多学习知识，多做准备。例如，积累一些歇后语、俏皮话、谚语、俗语、熟语、成语，一些趣诗、妙联、典故，一些专用名词，多听有趣的事，接近有趣的人等，这样才可能看似随意地妙语连珠。

下篇

墨菲定律告诉你：

是什么造就了你今天的生活？

Murphy's law

第十一章

chapter11

友谊法则：越是完美，友谊就越是难得天长地久

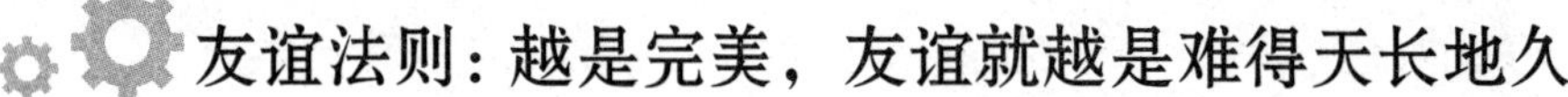

登门槛效应：人总是得寸进尺的

“登门槛效应”源于美国社会心理学家弗里德曼和弗雷泽所做的一个实验。

实验者派出两位大学生去访问郊区的两个居民区，在第一个居民区，他们直接劝说人们在房前竖一块写有“小心驾驶”的大标语牌，这个招牌非常占空间。结果，遭到很多居民的无情拒绝，接受率仅为 17%。

而在第二个居民区，两个大学生先请求众居民在一份赞成安全行驶的请愿书上签字，这是很容易做到的小小要求，几乎所有的居民都照办了。两星期后，两个大学生又向这些居民提出竖牌的有关要求，这次的接受率变成了 55%。

同样都是竖牌的要求，为什么会产生如此截然不同的结果呢？

这个实验证明，一下子向某人提出一个较大的需求，对方一般很难接受，如果是逐步提出要求和期望，并不断缩小差距，对方就

能相对地容易接受，即便这是一项重大、不合意的要求。这种现象犹如登门槛时要一级台阶一级台阶地登，能更容易、更顺利地登上高处，所以叫作“登门槛效应”。

为了拜师学艺，有个男孩在一家寺庙出了家。但是师傅却什么也不教他，只交给他一群小猪，让他每天放牧。庙前有一条小河，为了让小猪们吃到草，小和尚每天早上要抱着一头头小猪跳过河，傍晚再一个个抱回来。

小猪一天天在不断地长大，小和尚在不知不觉中练就了超乎常人的臂力和轻功，他这才明白师傅的真正用意。

这个故事是“登门槛效应”的形象解释，可以看出这是一个改变他人态度或者行为的有效方法。具体运用到生活中，当你要求某人做某件较大的事情，又担心他不愿意做时，可以先向他提出做一件类似的、较小的事情。

比如，你找朋友借钱，如果你直接问：“朋友，借我一百块钱花花吧？”得到的回答很可能是：“借钱干什么，我还缺钱呢！”可是，你如果这样说：“朋友，借一千块钱给我救救急吧？”得到的回答很可能是：“我也正缺钱，最多只能借你一百块！”看看，借一百块的目的是不是达到了？

“登门槛效应”就是如此，想得寸，先要尺，往往能实现目标。

善用“登门槛效应”可以使沟通、交流事半功倍，但这一效应也印证了，人总是得寸进尺的。一旦你接受了他人的一个微不足道的要求，他人便会在“登门槛效应”的影响下得寸进尺，可能支使你做更多的事情或者提出更大的要求，或是你不愿接受的事情，如此你将陷入被动，甚至授人以柄。

尹娜是某公司的宣传员，她最不愿意做的事，就是得罪人；最不会做的事，就是拒绝人。所以在工作中，只要同事们提出什么要求，她总是碍于面子，怕惹别人不高兴，心里再不情愿也会硬撑着答应下来。同事们知道尹娜很“热心”，便毫不客气地请她做这做那，“尹娜帮我把文件发了”“尹娜帮我订一下午饭”……

就这样，尹娜成了公司里最忙碌的人，还搞得自己心力交瘁，疲惫不堪，工作也陷入一团糟的困境，屡次遭到经理的严厉批评。有时候，尹娜明明有自己的安排，也会有同事请她帮忙。有一次尹娜计划休息时和家人外出游玩，但同事肖华却要和尹娜换班。尹娜极力向对方解释，对方不满地看了她一眼，嘀嘀咕咕地走了。

你是否也曾是尹娜这样的人？因为害怕得罪人，便不会拒绝，有求必应。最后你会发现，好心只会让别人不为你考虑，随时随地找你帮忙做事，你做得不完美他们一脸埋怨，你有事刚好不能做他们便对你怀恨在心……委屈吧？但种种情况都是你自己造成的，是你太不懂“登门槛效应”的原理了。

在“登门槛效应”下，你既是受益者，也是受害者。

为了不授人以柄，为了身心的健康，面对不合理或者违背内心意愿的要求时，不管这个要求有多小你都不要答应。重视自己的态度，学会拒绝别人，可减少许多紧张和压力，屏蔽不必要的烦恼，同时，我们也应当切记，己所不欲，勿施于人。不要为了一己之私，轻易利用他人的心理。

出丑效应：高处不胜寒，皇帝都是“寡人”

有一种怪现象，生活中地位越高，越完美的人，朋友往往越少。

这是为什么？为了解答这个疑问，美国著名社会心理学家艾略特·阿伦森做了一个关于“印象形成”的试验，他把四段情节类似的访谈录像分别放给测试对象观看：

第一段录像中的受访对象是个非常优秀的成功人士，整个受访过程中，他的态度自然从容，谈吐不俗，表现得非常精彩。

第二段录像中受访对象也是个非常优秀的成功人士，不过，他在台上的表现略有些羞涩和紧张，他不小心把身边的咖啡杯弄倒了，以至于脸部有些微红。

第三段录像中接受主持人访谈的是个非常普通的人，他不像前两位那样成功，在整个采访过程中，他表现得很从容，既不紧张也不出彩。

第四段录像中受访对象也是个非常普通的人，在采访过程中他表现得非常紧张，而且和第二段录像中的人一样，他也不小心把身边的咖啡杯弄倒了。

当四段录像放完后，阿隆森让测试者们对以上四位采访对象的个人印象以及魅力值进行描述和打分。结果表明，第四段录像中的那位先生评分最低，最不惹人喜欢。但奇怪的是，得分最高的不是第一段录像中的那位成功人士，而是第二段录像中打翻了咖啡杯的那位，有 95% 的测试者表示最喜欢他。

这一实验表明，才能平庸的人固然不会受人倾慕，但是十分优秀、完美无缺的人也未必讨人喜欢，最讨人喜欢的人物往往是精明而带有小缺点的人。一些微小的失误不仅不会影响优秀者的吸引力，相反，还会让他比那些十分优秀、完美无缺的人更惹人喜爱，这种现象就是“出丑效应”。

在人际交往中，不少人总是追求完美，苛求自己没缺点，要求自己不出错，甚至刻意掩饰自身的缺点，希望通过强调或者展示自己的资质来赢得好感和信任，等等。但是“出丑效应”启示我们，这么做完全没有必要。

我们可以做一个假设，现在你身边有两位各方面都非常优秀的朋友，一个完美到从不出错，一个却会犯迷糊、闹点小笑话，你会更喜欢谁？

从理性角度看，那些完美无缺的人似乎更受欢迎和青睐。但细想之下，相信绝大多数人会选择后者。因为，如果一个人表现得完美无缺，根本看不到任何缺点，反而会让人产生距离感，感到他不够真实，难以亲近，甚至生活在自卑和压抑之中，这样失衡的人际关系是难以保持长久的。

俗话说“金无足赤，人无完人”，任何人都不是十全十美的，即使是那些表面看起来非常优秀、非常突出的人。不小心弄洒一杯咖啡、偶尔说错一句常用语等，这些轻微的出丑正好体现了“人无完人”的说法，也正是这样，才展示出了亲近与温情的一面，更容易赢得他人的好感和信任。

担任美国总统期间，肯尼迪的形象一直堪称完美，他高大俊朗，出生在富翁之家，毕业于哈佛大学，是一个魅力十足的绅士，但不少人却对他嗤之以鼻，甚至有些同事也对他敬而远之。1961年，肯尼迪试图让军队从猪湾入侵古巴，但最终以惨败收场，史称“猪湾事件”。对美国来说，这次的失败不但是军事上的，也是政治上的。国内外对这次进攻的批评非常强烈，肯尼迪政府为此大失信誉。

但奇怪的是，在如此重大的决策失败后，肯尼迪的个人声誉却没有受损，反而支持率大大提高了。怎么会这样？这就是“出丑效应”的影响，“猪湾惨败”使原本十分完美、无可挑剔的总统更接近普通人，一个难免会犯错误的普通人，从而使他赢得了更多过去并不喜爱他的人们的支持。

维纳斯断了一只手臂，但她依然被世人视为美神，为什么？这就在于她残缺的美。折断的手臂不仅没有让她黯然失色，反而使她闻名于世。

所以，与人交往时，不必过分追求完美，不慎犯错的时候不必懊恼，不必自责，要用一颗平常心接纳自己，有时甚至要适度透露无伤整体形象的缺点，如爱睡懒觉、喜欢吃东西，如此你将更具人格魅力。

一位女子长相清纯甜美，体形苗条匀称，有一种大气高贵的气质，令人顿生“只可远观而不可亵玩焉”的感觉。但在交际中，她却经常拿自己的缺点开玩笑，她说：“听过我说话的人一致认为我唱歌一定好听，见过我的人都认为我跳舞肯定棒。可惜我身上天生就没长音乐细胞，唱歌老跑调，跳舞没节奏……”

听了这样的话，你有什么感受？会讨厌这位女子吗？会看低吗？不，我们反而会觉得对方很可爱、很真诚，富有人情味，愿意和她交流沟通，乃至成为永远的朋友。这，便是“出丑效应”的意义所在。

自我暴露定律：不拿出“钥匙”，如何打开对方的“心门”

一个人的“幸福感”和“被信任程度”来源于哪里？

为了找到问题的答案，一些心理学家展开了一番研究，最终发现，人的心理分为三个区域：第一个区域是可以让别人觉察到，而自己也知道的部分，叫作“透明区”；第二个区域是自己知道，却不能被别人发现的部分，叫作“隐匿区”；第二个区域是自己不知道，而别人可能看清的部分，叫作“潜在区”。一个人的透明区最大，隐匿区较小，潜在区最小的时候，“幸福感”和“被信任程度”最高。

也就是说，当人们自愿的、有意的把自己的真实情况暴露给别人，而这一情况是他人不可能从其他途径获得的，此时最容易感到幸福，而别人也最信任他，这就是“自我暴露定律”。

生活中，不少人习惯因为这样或那样的原因，把自己的真实想法隐藏起来，常听一句话，不用说，心里知道就好。或者跟这稍有类似的，不说他也知道。可惜，生活中有口难言的曲折暗示，别人常常难以意会，进而引发猜疑、误会和矛盾等。在这样的状态下，人与人之间很难愉快共处。

黄艳是一个温柔贤淑的女人，但后来她的婚姻出现了问题，这让她总是有意识地拒绝与别人交流。为了避免同事知道自己的遭遇，工作之余，她也从不和同事一起吃饭娱乐，常常一个人独来独往。刚一开始，同事们还会找她聊天，但她回应的总是一副冷冰冰的脸色。渐渐地，大家就对这位冷美人敬而远之，甚至还有些小厌恶，“谁又不欠她的钱，凭什么摆脸色？”“她真能装清高”……

一段时间后，公司组织全体工作人员进行互相评价的活动，并决定提拔得分最高者为新主管。毫无意外地，黄艳是最低分，她心里很不平衡，抱怨连连：“我能力很出众，做事尽职尽责，可为什么大家对我的评价差得要命？”“我的婚姻已经不幸，为什么大家不能体谅一下我的心情？”……

因为婚姻中的不幸，黄艳变得郁郁寡欢，她过于隐藏自己的想法，结果大家因为不了解内情，误以为她摆脸色、装清高，最后当然也就很难获得珍贵的友情。

人和人交往，贵在相知。乐于和别人推心置腹、襟怀坦白，这是一种潜在的人际吸引力。

你有秘密吗？你是否发现自己与身边最亲密的人往往共同分享着彼此的许多秘密。而对于那些交情一般的人，你们之间几乎没有任何秘密？

无须奇怪，这就是人际交往中的“自我暴露定律”。

要让人接纳你，首先需要让人了解你。当你对别人敞开心扉，坦率地讲述内心的真实感情或者情绪、想法，会让对方对你获得进一步的了解，进而产生一种亲近感和信任感。这样，对方才会邀请你进入他的“隐匿区”。可见，要想打开对方的“心门”，需要你先向对方拿出“钥匙”。

有些人之所以不敢“自我暴露”，是担心别人知道自己的真实状态和真实想法后，损害自己的名誉，担心别人看不起自己，担心交往越深，自己越会被人“识破”。实际上，这种看法是没必要的。真实的自我暴露，至少保证了对自己的坦诚，而坦诚与面对真实，是使感情好转的前提。

作为世界垒球王，史蒂夫·加夫是一个迷住千百万观众的体育明星，也是很多人心目中英勇无敌的大英雄。一次，在大庭广众之下，有位记者问加夫：“这些年，你哭过吗？”在一般观念里“男儿有泪不轻弹”，此时人们不禁为加夫担心，如果他承认自己哭过，就是承认自己的软弱，这会多么尴尬。

谁知，加夫毫不犹豫地回答：“哭过，坦白地说，我哭过不止一两次。在情难自控的情况下，我觉得掉眼泪更像个男子汉，因为这表现了你是个实实在在的人。”

史蒂夫·加夫这样坦率地把自己的隐私暴露给大众，结果怎样呢？观众们更喜欢他了。

很多政客都会利用“自我暴露”，他们常常向选民们讲述自己的私生活，比如，曾经的感情挫折，平时的夫妻生活，与子女的互动，近期的家庭计划等等，借此来展示真实的自我，拉近和选民们的距离，获得他们的理解、信任和支持。通常他们都能如愿，这就是自我暴露所带来的效果。

当然，自我暴露也需要适度。有的人总是太过暴露自己的私事，或者向别人喋喋不休地谈论自己，这容易给人留下轻浮、浅薄、自我的坏印象，让人觉得厌烦。理想的自我暴露是，对少数亲密的朋友做较多的暴露，对于对一般朋友和其他人做中等程度的暴露，比如讲一些并不是什么秘密的私事。

刺猬法则：别太近，人人都需要安全空间

为了研究刺猬在寒冷冬天的生活习性，生物学家做了这样一个实验：

寒冬季节，生物学家把十几只刺猬放到户外的空地上。这些刺猬被冻得浑身发抖，它们紧紧地靠在一起，想用彼此的体温来御寒。可是相互靠拢后，它们被对方身上的刺扎得疼痛万分，不得不分开。可天气实在太冷了，它们又一次靠近，结果还是吃了同样的苦头。挨得太近，身上会被刺痛；离得太远，又冻得难受。怎么办呢？

最后，刺猬们在两难的境界中找到了一个解决办法，那就是彼此保持适当距离，既可以相互取暖、平安过冬，又不至于被彼此刺伤。

这就是“刺猬法则”，也是在人际交往过程中的“心理距离效应”。

假设你前往参加某一活动，而且与所有人素不相识，会场有一排十个依次排列的座位，其中第六和第十座位上已有人，你最有可能选择哪个位子？多数人的选择是第八或三、四座位，这样既不会紧紧挨着陌生人坐下，同时也不会坐得离陌生人太远，否则相互间会有别扭的感觉，这就是“刺猬法则”所引发的一种现象。

人与人之间的很多矛盾，都是因为违背了“刺猬法则”。那些好得一塌糊涂、不分你我的朋友，那些如胶似漆、你侬我侬的恋人，一旦两个人之间没有任何距离，相处时间长了，那种令人“无间”的紧张状态会让彼此难以忍受，一切会变得索然无味，彼此的情感开始走下坡路，矛盾也就会不断增多。

杨泓是某美容产品的代理，为了给自己拉来更多的生意，她几乎每天都在忙于参加各种社交宴会，而且都极尽所能地去接近别人。只要知道哪位亲朋好友困难，她就会主动去帮忙，即便有时候对方百般推辞，她仍会表现得十分热心。例如，平时偶尔交往的大学朋友婚前意外怀孕了，杨泓得知后比当事人还着急，不停地询问“你到底打算怎么办”，还主动帮对方联系医院；邻居和丈夫正在闹离婚，杨泓每天下班后就前往对方家中劝解……杨泓这样做本是好意，但许多人却抱怨“她太关心、太热情了，让人很有压力……”最终许多人再也不敢与杨泓来往，有什么事情也不敢轻易让她知道。一年下来，杨泓的朋友越来越少，她的生意并没有多大的改观，还一度停滞不前。

和刺猬一样，每一个人都需要与人接近、与人交往，但是内心深处却都想保留一个相对私人的空间。要想两个不同的独立体关系更为融洽，就需要保持适度的距离。所谓适度的距离取决于交际双方的亲疏关系，即你和对方是什么关系就要保持什么样的距离。

具体来说，人际距离可分为以下四种：

第一种，亲密距离。

亲密距离是指两人的身体很容易接触到的一种距离，其范围在 15 ~ 45 厘米之间，能够清楚地看见对方的表情和眼神，甚至可以紧挨在一起，亲密无间。这一距离体现为亲密友好的人际关系，适用于情人或夫妻间、父母与子女之间或好朋友之间谈话，只有最亲近的人才允许彼此进入。

第二种，个人距离。

这是比亲密距离稍远一点的距离，一般在 45 厘米至 1 米之间，相当于两臂的距离，能保证相互之间的亲切握手，友好交谈，但不容易接触到对方的身体，通常熟人、朋友间的交谈多采用这种距离。任何人都可以自由地进入这个空间，不过如果与素昧平生的人保持这种距离，就会构成对别人的侵犯。

第三种，社交距离。

社交距离的范围比较灵活，近可 1 米左右，远可 3 米以上，这体现出一种社交性或礼节上的较正式关系，一般适用于工作环境和社交聚会，与个人关系不大的人际交往上。例如，企业或国家领导人之间的谈判，工作招聘时的面谈，往往都要间隔一张桌子或保持一定距离，以增添一种庄重的气氛。

第四种，公众距离。

公众距离一般都在 3 米以外，这是人们在公共场合的空间需求，如公园散步、路上行走、在剧场前厅等候看演出等场合，人们完全可以对处于空间的其他人“视而不见”，因为相互之间未必发生一定联系。当你试图与别人实现有效沟通时，你必须使两个人的距离缩短为社交距离或个人距离。

根据这种距离分类，亲人、恋人之间心理距离更近，可以分享较多的事情；同事或者客户，最好保持礼仪距离，工作之外的事情少谈；陌生人就更要保持安全距离，不要威胁到对方的心理空间。

在这一方面，法国著名军事家夏尔·戴高乐做得很好。

夏尔·戴高乐是“自由法国”的第一任总统，他跟下属们一直保持着良好的情感交往，但他不是盲目的“温情脉脉”，而是很有距离感的。他有一个著名的座右铭就是:“保持一定的距离”，这也深刻地影响了他和顾问、智囊及参谋们的关系。在十多年的法国总统岁月里，戴高乐的秘书处、办公厅和私人参谋部等顾问和智囊机构，没有什么人的工作年限超过两年以上。不光这样，在工余时间私密的家庭生活中，戴高乐从不邀请管理人员到家做客，也从不接受他们的邀请。不过，他与这些人是等距离的，没有亲疏远近之分。当这些人犯了错或是找他办事，他一律秉公处理。戴高乐这种良好距离感的把握，使得下属们都认为他是一个合格的领导人，所以他的威望非常高。在他任职期间，真正做到了令行禁止，最终各项工作“芝麻开花节节高”。

不论是哪一种人际关系，只要你能根据“刺猬法则”把握好距离，拿捏好其中的分寸，人际关系就会和谐而顺畅。

雷尼尔效应：比利益更吸引人的“附加价值”

“雷尼尔效应”来源于美国西雅图华盛顿大学的一次风波。

华盛顿大学校方曾经选择了一处地点，准备在那里修建一座体育馆。消息一传出，立即引起了教授们的强烈反对。教授们为什么反对？原因是校方选定的位置在校园的华盛顿湖畔，体育馆一旦建成，他们从教职工餐厅窗户就看不到美丽的湖光，更无法远眺美洲最高的雪山之一——雷尼尔山峰。

结果，校方取消了这一计划。为什么校方如此尊重教授们的意见？原来，与美国教授平均工资水平相比，华盛顿大学教授的工资一般要低 20% 左右。教授们之所以愿意接受较低的工资，而不到其他大学教职，完全是出于留恋西雅图的湖光山色，他们为了美好的景色而牺牲了更高的收入机会。

为了工作、生活在优美的环境中，而牺牲较高收入的机会，华盛顿大学教授们戏称这一现象为“雷尼尔效应”。

生活中，很多人经常抱怨自己人缘差，并将原因归咎自己没钱、没权、没背景等，不能给他人带来一定的利益。从某种程度上讲，人际关系是产生利益的一种途径。利益，指的是对自己有利的东西，最简单直接的体现方式就是金钱。但是，有很多东西是比利益更吸引人的“附加价值”。

王浩是某贸易公司的业务员，连续多年拿下公司“年度销售冠军”，而且将很多客户变成了忠实的合作伙伴以及朋友。身边的每一个朋友，都很羡慕的王浩好财源、好人缘。那么，王浩是如何做到这一切的?

一段时间，王浩一直在跟一位难缠的客户，这位客户对人总是不冷不热，任凭你说自家实力强、口碑好，他始终就是一句话：谁家的性价比高做谁家的。一段时间，王浩得知客户在仔细分析和对比着好几家品牌，尽管对自家产品有信心，但他也难免患得患失！后来他想通了：每个没成交的客户，都是成长路上的垫脚石。在这种心态下，他不再急着催客户下单，而是学着关心客户。

例如，王浩会给客户发送周末愉快短信，平时关心问候也不少，一般一周两三次短信；听说客户身体不太好，他便在书店精选了几本养生的书籍，赠送给他，还介绍了一些有效的健身强体小动作；当时电影《捉妖记》很火，小孩都很喜欢胡巴，他就买了一个胡巴公仔送给客户的儿子……

做到这个地步，什么价格类似的东西都不再是问题。渐渐地，客户觉得是王浩是在用心交往，态度越来越好，最终贡献了一笔大单。

从某种意义上来说，交友就是一种征服人心的本领。别人愿意与你交朋友，肯定是因为你身上有利可图，这一点毋庸置疑，但真正打动人心的，往往是充满人情味的一言一行。经常去拜会一下朋友，每周发送关心短信，平时过节送上祝福，朋友生日时送去蛋糕，生病时及时看望……

人情是一种抽象的东西，它不像金钱那样可以用多少来计算，却最容易打动人心。人心换人心，你真我就真。即便你只是一个默默无闻的小角色，但只要你拥有诚挚、友好、善良等“附加价值”，经常性地去关注、去维护你的朋友，你就能获得他们的好感和信赖，创造更多的机遇及成功。

切记“雷尼尔效应”，每个人内心深处都存在着对情感的需要与渴望，从情感方面结成的友谊，永远要比因为暂时利益结成的关系更牢固。

第十二章

chapter12

爱情定律："墨菲先生"操纵下的记忆偏差

契可尼效应：初恋最难忘吗？你能放得下吗？

"契可尼效应"得名于苏联心理学家 B.B.蔡戈尼克撰写论文期间做过的一个试验：

在一项记忆实验中，蔡戈尼克邀请了三十二位被测试者，每人都试做二十二件指定的工作，如写下一首你喜欢的诗，把一些颜色和形状不同的珠子按一定的模式用线穿起来，从五十倒数到十，等等。完成每件工作所需要的时间大体相等，一般为几分钟。但这些工作只有一半允许做完，另一半在没有做完时就受到阻止。而且，允许做完和不允许做完的工作出现的顺序是随机排列的。

做完实验后，蔡戈尼克立刻让被测试者回忆刚刚所做的工作，结果被测试者对未完成工作的回忆要优于已完成的工作的回忆。一般人对已完成了的、已有结果的事情极易忘怀，而对中断了的、未完成的、未达目标的事情却总是记忆犹新，这种现象被称为"蔡戈尼克效应"，简译为"契可尼效应"。

“在学生时代，总会有一个身影牢牢牵引着你的视线，他去哪里，你就看向哪里。而且还不好意思正大光明地看，总是偷偷摸摸用余光去看。你在乎他说的每一句话，他喜欢什么，讨厌什么，你都知道。他今天穿了什么衣服，什么牌子的，你也知道……”这是电影《初恋这件小事》中的一段独白。

生活中，“契可尼效应”经常会跟初恋联系在一起。

你有过初恋吗？初恋，是我们在不知不觉的好感和朦胧的不确定性中接触第一个所爱的人，几乎绝大多数人认为初恋是一件非常美好的事情。即便两个人分开了，即便经历了很多感情，初恋的感觉仍旧令人回味无穷，甚至刻骨铭心。而记忆中的那个人就是心头的“朱砂痣”，他人似乎难以取代。

是什么原因使初恋具有这样神奇的魔力？这就是“契可尼效应”心理。也许因为年轻，也许因为任性，也许因为不懂爱……很多人的初恋并未开花结果，往往会成为上面所说的“中断了的”“未能完成的”“未达目标”的事情，初恋对象以及感觉便会深深印入我们的脑海，令人终生难以忘却。

除了爱情，关于契可尼效应心理，你在其他方面也应该有所体验。例如，学习中，如果某一道题你做不出来，后来终于知道了答案，那么这道题会在你脑中留下深刻印象，以后怎么考也不会错；工作中，如果某一件事情做了一半就被打断，往往你这一天都会不知不觉想起那件事，甚至影响工作效率。

当你陷入初恋情结的困扰，不妨用“契可尼效应”开导自己走出困境。你该明白，初恋之所以难忘，不是因为它多美好，那个人多优秀，多难忘，而是因为“未完成”。你该适时学会放下才是，不必久久怀念。有一句话说得好，“世间最美的不是得不到或已失去，而是现在能把握的幸福”。

••••▶ 习惯效应：男人太懒，女人注定变成黄脸婆

有这样一则令人哭笑不得的笑话：

在深山里住着一对父子，他们每天都要赶牛车下山卖柴。山道非常崎岖，弯道又多，父亲有经验，负责驾车。儿子眼神好，总在转弯时提醒道：“爹，转弯了！”

一天，父亲生了病无法下山，儿子只能一人驾车。到了弯道，牛却怎么也不肯转弯，儿子下车又推又拉又打，牛仍然不动。

到底怎么回事？儿子仔细回忆和爹赶车的情形，忽然想到了一个细节，他贴近牛耳大声喊道：“爹，转弯了！”

牛，顿时转弯了。

任何一种行为只要你不断地重复它，它就会成为一种习惯。同样的道理，任何一种思想只要不断地重复，也会成为一种习惯，进而影响潜意识，在不知不觉中改变你的行为。对此，我们称为“习惯效应”。

洗衣、做饭、买菜、洗碗、擦地……婚姻对于女人来说很像一个陷阱，陷阱里面尽是柴米油盐，也基本逃避不了一种现实——成为老公和所有人眼中的“黄脸婆”。许多女人因此迟迟不愿走入“围城”。生活中，我们也经常能听到女人无奈地抱怨声，“我也不想做家务，但男人总是太懒……”

可事实真是这样吗？男人太懒，不做家务，这种情况产生的原因，一部分是受“男主外，女主内”观念的影响，一部分则可能是女人的纵容，使男人产生了一种“习惯效应”。

注意观察就会发现，一个相对比较懒的丈夫一定拥有一个勤快的妻子。一回到家，妻子什么都做，忙个不停，男人则习惯坐着或躺着。有些男人一开始还做事，但一看到男人笨手笨脚的模样，女人就会嫌弃"看你笨手笨脚的，算了，我来做吧。"一两次之后，男人干脆不再插手，乐得跷起二郎腿。

所以，谁说女人一旦结婚，就要忙于家务事？只能沦为黄脸婆？婚前，你完全有两条路可以选择：一是擦亮眼睛，在婚前找一个能把萝卜丝切成细线一样的勤快男人；二是要警惕"习惯效应"，坚决不惯出男人的懒毛病，不妨适当地利用一下"习惯效应"，把男人变成一个"家庭主夫"。

如何利用"习惯效应"呢？那就是用一个习惯去代替另一个习惯。懒惰是一种习惯，勤奋也是一种习惯。女人可以适当地"懒"一点，能让男人做的尽量让男人去做，男人不愿做时就放在一边慢慢做。比如，你不想做饭可以到外面吃或者叫外卖，男人要想吃得好吃得饱，那就让他自己动手做；你不想打扫卫生或做家务，不妨找钟点工或保姆来解决。男人要想省钱，自然会自己动手。

习惯是可以被改变的，只要不断地重复，刺激潜意识，男人自然会形成勤奋的习惯。当然，旧的习惯不好打破，新的习惯不易建立。"习惯效应"的改变都需要一个循序渐进的过程，你要慢慢来改变男人，不要急于求成，要从少到多，要坚持不懈。时间久了，懒老公自然会变成勤老公。

补偿心理：一朵鲜花插在了牛粪上

"补偿心理"，最早出现于奥地利精神病学家阿尔弗雷德·阿德勒的心理学中。

三岁时，阿德勒亲眼看到睡在身旁的弟弟因病去世；五岁时，阿德勒不幸患上了肺炎；幼年时，阿德勒是一个体弱多病的人，所以他总觉得别人比自己高大强壮，并因此自卑。一直梦想要当名医生，后来他如愿进入维也纳大学取得医学博士学位，后转向精神病学，开始探讨神经症问题。

阿德勒为什么梦想当医生？阿德勒认为，每个人天生都有一些自卑感，而此种自卑感使个体产生“追求卓越”的需要，当个体因本身生理或心理上的缺陷致使目的不能达成时，就会改以其他方式来弥补这些缺陷，以减轻其焦虑，建立其自尊心，为求得到补偿，这即是“补偿心理”。

童话故事中公主总会遇上王子，幸福地生活在一起。但在现实生活中，我们却常常看到这样奇特的组合：美女爱上了外表像野兽一样的男人，淑女偏要死心塌地跟着浪子跑……“一朵鲜花插在牛粪上了”，这是我们常说的一句话，泛指那些看起来不相配，门不当户不对的爱情关系。

为什么会这样？难道那些人都瞎了眼？

其实说穿了，这是爱情中的“补偿心理”在作祟。

一般来说，青年男女选择恋人时，可能会找和自己相似的人，但他们也会在潜意识中寻找自己不具备的东西，外向的更喜欢内向的，胖的喜欢找瘦的，木讷的羡慕有情趣的……这是因为，一方在某一方面具有对方不具备的特点，能够给予对方心理上的补偿，从而达到平衡，使恋爱成为可能。

还记得银屏上的那些经典故事吗？我们时时能看到“缺什么找什么”的爱情组合，如《射雕英雄传》中老实木讷的郭靖偏偏离不开聪慧俏皮的黄蓉;《倚天屠龙记》中优柔寡断的张无忌最爱蛮横霸道的赵敏;《泰坦尼克号》中循规蹈矩的富家女露丝与放荡不羁的穷画家杰克爱得死去活来。

爱情是缺什么找什么，而不是要什么就给什么。互补关系是恋爱中最常见的一种状态，世间万物都是互补的，人类两性中的任何性都是不完整的。

每个人来到世界上都是不完整的，只要找到自己的另一半才算完整，就是这个道理。所谓的另一半不一定是完美的，而是拥有自己没有又特别想要的东西，一方是另一方的补充，彼此相交，相互补充，如此才能保持关系的平衡，从而拥有更多的快乐和幸福，这正是恋爱中男女神秘的关系所在。

生活中也有些人偏偏喜欢跟自己相似的人相处，认为相似的性格、共同的兴趣和爱好，更易产生共鸣。但心理学家认为，其实每个人都有显性和隐性两种不同的人格，比如平和安静的人也有冲动的一面，大大咧咧的人内心也有细腻之处，这种隐性的性格常常被压抑和隐藏，它们更需要释放。

志高在一家外资企业上班，他性格直爽，敢想敢干，他的妻子林雯温柔贤惠，知书达理，他们相识不到半年就走进了婚姻殿堂。没想到，两人结婚不到一年，志高因为工作上的失误被单位辞退。失业后，志高感到很无助，颓丧地无心再去找工作，整天就知道待在家里唉声叹气，痛骂单位的人没有良心。

林雯其实也挺难过，但她知道，男人大部分时候都积极进取、果断沉稳，顶天立地，威风凛凛，但男人也有脆弱、幼稚的一面，渴望像孩子一样释放压力。于是，林雯没有丝毫的失望和抱怨，在志高疲倦、失落的时候，她会给予他深情的抚摸，或是轻轻的拥抱;

她每天都给志高做他最爱吃的饭菜，还不停地宽慰他："这段时间你不如好好休息下，静下心来，好好规划下未来。""你不要给自己太多压力，即便你失业了，不是还有我吗？我们的生活过得去。"……

就这样，在林雯的温柔照顾和理性分析下，志高走出了失业的阴影，以积极的态度来面对自己目前的处境。试想，如果此时林雯一味地抱怨或者指责志高，志高很有可能会通过酗酒、抽烟、闷头睡觉等消极方式来麻痹自己，这不是健康男人所应该采取的方式，也不是聪明女人希望看到的老公。

即便彼此之间存在不同，甚至是近乎相反的性格特点，也能深刻地理解和体谅对方，满足对方的真实需求，这样的恋人会像两个紧紧啮合的齿轮一样，可以顺滑地运转，这正是"补偿心理"的关键所在。所以，除了爱以外，我们总应该时常去对方心里瞧一瞧对方真正渴望和需要什么。

斯德哥尔摩情结：居然爱上伤害自己的人

1973年，有两名劫匪有意抢劫瑞典斯德哥尔摩内最大的一家银行，行动失败后他们被赶来的警方围困，随后罪犯劫持了一男三女四位银行职员作为人质，将他们扣压在保管库内，与警方进行周旋。匪徒提出的条件是，保证他们安全出境，否则将人质一个个处死。经过六天的包围，警方设法将劫匪捉住，并成功救出了人质。然而令人意外的是，这四个银行职员不但不感谢警察，反而还为劫持犯辩护，最不可思议的是其中两个被劫持的女银行职员后来还和那两个劫持犯结了婚。

这是怎么回事呢？为了解答人们心中的疑惑，瑞典国会拨出巨款，成立专门机构对此事件进行研究。后来得出结论：这些人质之所以表现出如此怪诞的行为，是因为他们的生死曾经操控在劫持者手里，于是他们把劫持者的安危视为自己的安危，进而对劫持者产生好感、依赖心，甚至把解救者当成了敌人。

这种心理现象后来被命名为"斯德哥尔摩情结"，是指被害者对于犯罪者产生情感，甚至反过来帮助犯罪者的一种情结。

"斯德哥尔摩情结"听起来十分不可思议，却是十分常见的。生活中，有些人会不知不觉地爱上伤害自己最深、对自己感情践踏得最狠的那个人；有些人，明知道男生是渣男，还不愿意分手，还下不了决心离开；有些人明明知道对方只是利用自己，却还要往火坑里跳，心甘情愿地被利用……

家庭暴力，就是一个经典的例子。

著名主持人柴静在《看见》中描述了一群饱受家庭暴力的妇女，这些妇女性格温顺，对丈夫言听计从，丈夫如果心情不好，那她们就沦为"出气筒"，身上伤痕累累。她们虽然感到压迫，却无法摆脱对丈夫的依赖。有时丈夫偶尔表现出些许爱意，她们就会心满意足，不再计较。当自己被施加了暴力，她们甚至认定一定是自己做错了事。又或者，在她们眼中，丈夫就是公正的审判者。

一旦人被"斯德哥尔摩情结"所控制，并且逐渐习惯依赖于这种生活方式，那么无论它有多么糟糕，只要产生了依赖，就不会轻易地改变，也不想失去。

但无论"斯德哥尔摩情结"有多么合理，爱情一定是双方互敬互爱的，是要让自己幸福快乐的。除非正好一个是虐待狂，一个是受虐狂，相互在折磨与被折磨中找到一种快感，否则就不是正常的爱情，不会有快乐和幸福所言，哪怕是借以爱的名义。这是关于人格独立的问题，是对待爱情的基础。

当有人伤害你时，第一时间阻止“斯德哥尔摩情结”的发生吧。

几乎所有人都有生气时拍打别人的经历，这是一种本能，所有人或多或少都会有暴力倾向。如果你忍了一次，绝对会有以后的一百次。所以，我们在一开始就要遏制这种行为，当别人因为气急而伤害你的时候，哪怕他只是轻轻地推了你一下，也要明确地告诉对方，这样是不可以的。

是人都有自己的心理弱点，施暴的人也不例外。有的人怕丢面子，有的人怕长辈，有的人怕单位领导。怕丢面子的，你就撕开他的面子，把他的暴行在公众面前晒晒，让别人笑话；怕长辈的，你就不妨告诉长辈们你所遇到的情况，让他们评评理；怕单位领导的，你就威胁对方“再这样，上单位去”……

如果他并不理睬，或者答应了做不到，控制能力极差，说再见是最好的选择。毕竟爱情是愉悦人心的一种情感，虽然说酸甜苦辣都有，但其中的甜蜜多于苦痛才是有意义的。当然，最关键的是你要在恋爱前擦亮眼睛，坚决杜绝有暴力倾向的人，不让自己有产生“斯德哥尔摩情结”的机会。

禁果效应：明知悖德，却禁不住诱惑

“禁果”一词来自《圣经》：

上帝耶和华创造了一男一女，男的称亚当，女的称夏娃，他们一起住在伊甸园中。伊甸园有一棵智慧树，上面结满了果实。夏娃原本对智慧树不感兴趣，但后来上帝十分强调不允许任何人偷摘智慧树上的果实，结果这引起了夏娃的注意和兴趣，偷食了智慧树的果实，也让亚当食用，二人遂被上帝逐出伊甸园。

越是禁止的东西，越能吸引人们，人们越要想方设法地得到手，因这种被禁果所吸引的心理现象，被人们称作"禁果效应"。

婚姻就像围城，城里的人想出去，城外的人想进来。

这已经成为一种婚姻常态，也是导致夫妻离婚的重要原因之一。那么，是什么原因导致人们在婚姻中蠢蠢欲动，经不起诱惑和考验，辜负，甚至背叛自己的爱人……理由很难说，除了贪图身体享受，或是利益，或是排解心理压力等表象之外，这里其实还有更深层次的心理需求，即"禁果效应"。

"禁果效应"存在的心理学依据是，人类的天性拥有好奇心理和逆反心理，人们倾向于对自己不了解的事物产生好奇，进而产生渴望接近和了解的诉求，而逆反心理则激发人们挣脱束缚、追求自由的天性。婚姻讲究"一夫一妻"的专一，出轨行为有悖道德，为社会大众所不齿，结果，"艳遇"或是"红杏出墙"等出轨行为对于很多人来讲就变得越神秘，越具诱惑力，越想尝试下。

那么，如何对待这种"禁果效应"呢？

廖莉有一个上小学五年级的儿子，长得白白胖胖，平时又有礼貌，很惹人喜欢。可是廖莉却经常因为儿子大伤脑筋，原因是儿子写作业总是拖拖拉拉，几乎很少能主动完成作业。为了让儿子主动一点，廖莉苦口婆心地讲了许多道理，也曾劈头盖脸地责备他，甚至罚站，但结果是，儿子越来越讨厌做作业。因为这个恶性循环，儿子的成绩也变得越来越差，甚至经常不及格。

后来，廖莉了解到这是一种"禁果效应"，于是她开始改变自己的方法。她不再催促儿子写作业，而是任由儿子自由玩耍。儿子一直玩，一直玩，一开始很高兴，但渐渐觉得很没意思。晚上十点，儿子已经有些犯困了，但还没有写作业。他担心第二天到学校挨老师批评，于是挣扎着半趴在床上开始写作业，由于身体疲累，精神不集中，这时的学习效率非常低，他从晚上十点一直写到十二点，结果还没把作业写完，急得直哭鼻子，那个场景十分悲惨。

自此以后，儿子一回到家就知道应该先写好作业再玩耍。

越催促儿子写作业，儿子越讨厌做作业，这就是“禁果效应”的明显体现。后来，这位聪慧的妈妈不再催促儿子写作业，让儿子自由自在地玩耍，结果儿子感到一直玩耍原来也挺没意思的。更重要的是，因为没有及时完成作业，他不得不熬夜学习，这让他深刻意识到严重的后果，情况自然得到改善。

同样的方法，我们不妨也可以来解决感情问题。

当爱人出现背叛行为时，不要苦苦追问，不要深深挽留，果断地转身离开，没有了“一夫一妻制”的约束，没有了“禁果心理”的左右，再香甜的“禁果”也会食之无味。同时，你要让自己变得越来越优秀，最好让对方高不可攀，如此反而更能吸引对方的注意力，到时你就牢牢掌握住了主动权。

你若不想放手的话，就尽量对对方好点，用真情包容对方，用柔情感化对方，强调“一夫一妻”的专一，把你的想法说出来，列出即将产生的后果，这是从破除神秘感的角度去做的，进而让对方正确的认识、正确的选择、理性的面对。

拍球效应：吵架时为什么会越吵越凶?

爱好篮球的人都知道，拍篮球时，用的力越大，篮球就跳得越高，这就是“拍球效应”。

婚姻生活中，当我们对于某些事情产生不同看法时，就会发生分歧。原本是一件很小的事情，我们却容易越吵越凶，越闹越大，相互谩骂，互相打架，等等。很多人不能理解，也难以接受，明明相爱的两个人，为什么一吵架就变得面目全非，如此咄咄逼人？事实上，这并非本意，正是"拍球效应"。

回想一下，和爱人吵架时，他若骂你一句，令你内心气愤不已，你是不是会想着我该怎样回他十句？他说你错了，你不服气，非得搬出种种理由证明他是错的才行？更生气的时候，只要一个人开始摔东西，另一个人也就会摔东西，你砸我也砸，你狠我更狠……可见，"拍球效应"是一个可怕的恶性循环。

所以，我们一定得警惕"拍球效应"，不要让吵架毁了彼此的感情。

我们为什么会吵架？美国贝勒大学心理学研究的最新发现，在亲密关系中，当一方觉察到自己被另一方忽视或者威胁了，就会本能地感情用事，批评或抱怨，引起争端。可见，吵架并非无理取闹，并非感情淡薄，其背后的心理诱因是被忽视和被威胁，它表达的是一种强烈的关注需要。

吵架的逻辑是这样的：当一个人或暴躁，或愤怒，或不满，他其实是在用极端的方式来引起别人的关注。很多女人说："其实他不知道，就算我再凶，只要他过来抱抱我，我就没事了……"所以，不要为了驳倒对方而吵，不妨多给对方一些尊重和关爱，如此"拍球效应"就不再起作用。

玛丽忙碌了一天，神情倦怠地回到家里，却看到丈夫汤姆正坐在沙发上悠闲地看着电视，于是不禁抱怨道："眼下，我要做的事情太多了，我的私人时间少得可怜，为什么你不能体谅我一下，比如把饭菜做好！"

汤姆回击道："你不要把工作情绪带到家里，如果你不能调整好自己，你还是放弃那份工作吧，何必让自己如此辛苦！"

玛丽一听顿时气愤不已："我喜欢自己的工作，凭什么你让我放弃就放弃。你的年薪很丰厚吗？我有什么资格做全职太太。真不知，我当初怎么会看上你？"

汤姆也生气了："谁都不能怨，怨你眼瞎。"

……

这样一番争吵后，玛丽感觉更加沮丧，这可不是她想要的结果。她回到家看见丈夫，想从丈夫那里感受到关心和体贴。然而，她的希望成了泡影。汤姆事后心情也不好，他不了解女人，他不知道，对于妻子的倾吐，自己只要带着感激、体贴和深情，体会对方的心情，就万事大吉了，何等简单！

如果这样，那么当玛丽神情疲倦地回到家里时，他们的谈话就会是另外一种情形：

玛丽："眼下，我要做的事情太多了，我的私人时间少得可怜，为什么你不能体谅我一下，比如把饭菜做好！"

汤姆关心地问道："亲爱的，你今天一定很辛苦吧？"

玛丽："领导今天给我安排了一项重要任务，我真不知道自己能否做到。"

"我相信你，亲爱的"说完，汤姆向玛丽伸出了双臂。在丈夫的怀抱里，玛丽深深地呼出一口气，顿时全身放松！

由于"拍球效应"的作用，吵架会释放压抑不了的心理冲动，你横我更横，你恨我更狠，经常口不择言，还专挑最恶毒、最伤人的话说。这时候，如果有一方能够控制自己的情绪，先保持冷静，大气地忍让，不将矛盾深化，或用回避的方式去缓解，另一方纵使有再大的脾气，一个人也吵不起来。

感情不是游戏，谁也伤不起。没有不争吵的感情，只有不包容的心。

第十三章

chapter13

家庭教育：以“爱”为名铸造的枷锁和监狱

超限效应：话说多了也就不管用了

我们时常会有这样的感受：一处美丽的景色，第一次观看的时候，会觉得赏心悦目，让人流连忘返。可去了第二次、第三次之后，这种新鲜感就会消失了，原本美丽的景色也变得普普通通；一部精彩绝伦的影片，第一次观赏的时候，人们会感到精彩刺激，久久难以忘怀。了看了的次数多了，原本精彩的影片就会变得枯燥乏味起来。

之所以出现这样的情况，就是因为超限效应的影响。什么是超限效应呢？简单来说，就是人接受信息、刺激时，存在一个主观的容量，一旦超过了这个容量，人们就会因为刺激过多、时间过长而产生厌烦心理。

如果你还不能理解，我们可以借用美国著名作家马克·吐温的一件轶事来阐述，相信听了这个故事，你一定能有深刻的认识。

一次，一位牧师正在教堂中做关于募捐的演讲，马克·吐温是众多听众的一员。开始，这位牧师讲得非常生动，马克·吐温打算捐出自己身上所有的钱。可过了10分钟，这位牧师还在滔滔不绝地讲着，马克·吐温开始有些不耐烦了，便决定改变主意，只捐出一部分零钱。又过了10分钟，牧师还没有讲完，烦躁的马克·吐温决定一分钱也不捐给这位牧师。最后，等到牧师终于结束了演讲，开始募捐的时候，马克·吐温不但没有捐一分钱还从盘子里拿走了两元钱。他说："这是对于你浪费我时间的一种补偿！"

马克·吐温为什么由开始的想要捐出所有的钱，变为不但没有捐钱还拿走了两元钱呢？其实，这个道理我不说，大家也应该明白。因为那个牧师的演讲太啰唆、时间太长了，以至于让马克·吐温逐渐失去了兴趣和耐心。没错，最动人的演讲就是简短的、富有激情的演讲，如果把事情说明白了之后，还一而再，再而三地重复唠叨，那么只能让人心生厌恶。

现实生活中，很多人都会犯这位牧师一样的错误，说起话来滔滔不绝，唠叨不停，完全不顾听者的感受。尤其是身为父母的人，非常喜欢在孩子的耳边唠叨，不管是批评还是叮嘱，不管是期盼还是关心，都是用没完没了的唠叨来代替。比如，孩子犯了错误，父母就会滔滔不绝地批评，"你这么做是不对的""你不应该这样做""你应该如何如何……"批评之后，父母还觉得不够，担心孩子不能及时认识错误、改正错误，于是为了确保孩子能够记住教训，便时不时在饭桌上、电视前、亲戚朋友面前不厌其烦地、苦口婆心地反复批评。

还有的父母，喜欢翻旧账，只要孩子犯了错误，就会把孩子之前的很多错事拿出来说，一件件、一桩桩地唠叨个不停。试想，这样一来，孩子怎么能不产生逆反心理。

其实，孩子犯了错误，父母只要指出孩子的错误，并且引导他们如何改正错误、避免再次同样的错误就好了。孩子也有是非观，也知道自己什么地方做错了，批评一次就足以让他们记住教训。喋喋不休，唠叨个没完，孩子就会因为超限效应而产生厌烦感和逆反心理。父母说得时间越长，唠叨的次数越多，对于他们的批评效果就越差。因为他们或许只听见父母在耳边“嗡嗡嗡”地说话，根本没有注意到说了什么。

不妨想想，如果一个人一直在你耳边唠叨一件事情，你会有耐心听下去吗？如果一个人总是批评你如何做得不好，哪里做错了，你能够心甘情愿地接受批评吗？

其实，超限效应给了很多父母一个启示，那就是和孩子沟通时，说话要注意一个尺度，千万不能没完没了地唠叨，否则只能适得其反。

聪聪是一年级的孩子，最厌烦的就是妈妈的唠叨。一天，他回到家之后，想要看一会儿电视再写作业，可他刚坐在电视机前 10 分钟，妈妈就催促他说：“不要总是看电视，赶紧去写作业。”

聪聪说：“知道了，我看半个小时就去写作业。”结果，妈妈的唠叨就如同潮水般涌来了。“已经快考试了，你的心思却不在学习上，这怎么能考得好成绩呢？”“别看了，快点，赶紧学习！”“看电视最影响学习，你不能每天都看电视！”“你这孩子真是太不听话了！”

听着妈妈没完没了的唠叨，聪聪非常气愤地说：“我不是说就看半个小时吗？为什么你还一直唠叨个不停！我今天就不写作业了！”

结果，妈妈一气之下把孩子打了一顿。爸爸回来之后，妈妈向他说明了情况，当爸爸询问聪聪为什么不写作业的时候，聪聪委屈地说：“我本来就已经说了只看半个小时，可看妈妈有些不同意，我便打算马上去写作业，等写完作业再看。但是，妈妈却没完没了地说个不停，我就故意不写了！”

看吧！唠叨的结果只能让孩子越来越朝着反方向发展，不肯听家长的建议和批评。没完没了地唠叨，远远没有给孩子合理的建议，对孩子帮助的更大。就连好话说多都没有什么效果，何况是批评呢？

很多孩子曾经抱怨说：“我妈妈每天都唠叨个不停，一件事情总是不停地重复、重复，真实让人受不了！”“我只要一犯错误，妈妈就会喋喋不休地批评，我真实受够了，恨不得在耳朵里塞上纸团！”“大人就知道唠叨，难道他们不知道累？”等。

孩子们最反感的就是父母的唠叨。显然，这样的教育方式和沟通方式根本是无效的。不仅仅是批评，父母还喜欢用唠叨的方式来表示对孩子的关心、爱护，不管孩子做什么事情都是千叮咛、万嘱咐。可这种用唠叨的方式表达出来的爱，不仅无法换来孩子的理解和感恩，还会引起孩子强烈的反感和不满。

因此，在家庭教育中，父母如果想要更好地与孩子沟通，就应该记住超限效应，注意说话的尺度，不管是批评，还是关心，很多事情说一遍就好了，达到目的就好了。即便孩子没有记住父母的教训和叮嘱，父母也应该避免简单地重复、喋喋不休，而是因为换个角度、换个说法，让孩子更容易接受。

切记把唠叨当成一种习惯，切记说话说过了头，否则孩子就会因为刺激过多、过强而产生不耐烦或逆反的情绪。

逆反心理：你越希望他这样，他就越不肯这样

心理学家曾经做过一个实验，实验对象是儿童。实验者在桌子上放着五只茶杯，孩子们对这些茶杯根本没有任何兴趣，各自做自己的事情。随后，实验者在其中一个杯子下面放了一个糖果，对孩子们说："我在杯子下放了重要的东西，你们千万不能动。"然后就走了出去，在外面观察孩子们的反应。结果，心理学家发现，越是强调不能打开茶杯，孩子们就越想打开。

这是因为每个人都有无比强烈的好奇心和逆反心理。你越是希望他这样做，他就越是不肯按照你的说法去做；你越是希望他不做某些事情，他就越是想要那样去做；越是得不到的东西，就越想要得到。

简单来说，逆反心理就是人们为了维护自己的自尊，对对方的要求采取相反的态度和言行的一种心理状态。这种心理状态产生的原因，主要有三种：

第一种是强烈的好奇心。每个人都有好奇心，尤其是几岁的孩子，他们对这个世界充满了好奇感，想要了解这个世界，所以充满了探索欲望。父母越是不允许他做这件事情，他就越觉得它充满了神秘感想要去尝试。

第二种是对立情绪。很多时候，父母发现孩子喜欢和自己对着干，不服从管教，爱顶嘴。这是因为孩子随着年龄的增加，见识的增长，开始学会用自己的眼睛看世界，用自己的思维方式思考问题。他们发现自己的想法与父母存在着很大差别，父母时常不理解自己的内心，这个时候，如果父母再限制和强迫孩子，让孩子按照父母的思想去做，那么孩子就会产生对立情绪。于是，父母越是叮嘱，

孩子就会反其道而行之。

第三种是心理上的需要。孩子对于越是得不到的东西，就越想要得到；越是接触不到的东西，就越想要接触；越是不让知道的事情，就越想要知道。这是孩子心理发展的一般规律。

实际上，孩子在两三岁时就会出现逆反现象，绝大多数孩子到了这个时期，会变得非常调皮，不愿意听父母的话，喜欢和父母对着干。比如，天气冷了，父母让他多穿衣服，他偏偏不穿；父母让他安静地睡午觉，他非要在床上跳来跳去；和小朋友玩耍的时候，父母让他互相谦让，他就故意抢小朋友玩具；父母让他不要看电视，他就偏要坐在电视机旁……总之，孩子不再像以往那样温顺、听话，变得非常固执、倔强，对父母的说教更是置若罔闻。如果父母一旦教训、批评他们，孩子就用哭闹来反抗。

楠楠今年 3 岁了，以前乖巧可爱，可最近变得越来越不听话。一天，他正在玩积木，妈妈让他收拾好了，然后洗手吃饭。可不管怎么说，他都一动不动。妈妈情急之下，就帮助他把玩具收拾好了。谁知他竟然一怒之下把积木全部扔进了垃圾桶，饭也不吃了。

楠楠不仅是在家里，就是在幼儿园也是如此。一天，老师教孩子们跳舞蹈，楠楠有些走神，不好好做动作。老师批评他说：“楠楠你应该认真学习，来看看老师是怎么做的。”谁知道，楠楠倔强地说：“我就这样做！”

对于孩子这个时期的逆反心理和反叛行为，父母想要通过打骂的手段来制约，这不是什么好办法。父母应该明白，孩子到了两三岁时，生理和心理都有了明显的变化，对世界有了一定的认知，有自己的想法，所以他们想要按照自己的想法去做，去探索这个世界，不愿意服从父母的安排。如果父母还是用以前的态度对待孩子，那么孩子就会表现出一种“反抗”的姿态。

父母要知道，孩子的反叛行为是正常现象，父母应该给予合理的引导，千万不能为了让他听话，就采取打骂的行为，更不能因为骄纵孩子就纵容孩子胡作非为。否则对孩子的成长没有好处。只有父母包容孩子，尊重孩子，并且委婉地指出孩子的错误行为，孩子就会结束反抗的情绪。

而到了孩子青春期的时候，也会产生强烈的逆反心理，这一阶段要比儿童时期的逆反更让父母头疼。孩子的自主性逐渐增强，有自己的主见，认为自己的想法和见识比父母更先进，他们更愿意和同龄人交流，而拒绝和父母这样的“古板”沟通。因此，孩子会对父母的一些行为采取排斥的态度，尤其是父母想要干预孩子、强迫孩子的时候，孩子更容易产生对抗行为。

有的孩子表面上很乖巧，听父母的安排，按照父母的建议去做，但是内心却有着强烈的逆反心理。当父母说你应该这样做的时候，他表面上会说“我知道了”，心里会说“我才不”。他们会私下做父母不同意的事情，偷偷与父母作对。

还有些孩子的逆反行为则表现得很明显，比如故意顶撞父母，破坏父母的东西，甚至会做出出格的行为，用逃学、早恋、出走等方式来对抗父母。

李伟是初中三年级的男孩，平时父母工作繁忙，对孩子要求严格，却缺乏相应的关心和了解。所以，到了青春期后，李伟就非常叛逆，一回家就把自己关屋子里，不和父母说话。父母和他说话，他不是置之不理就是顶嘴。后来，他迷上了网络游戏，每天放学后就闷在屋子里玩，父母苦口婆心地劝导也不管用。之后，爸爸只能关闭了网络，卖掉了电脑，而这惹恼了李伟，竟然开始逃学到玩吧去玩。

李伟父母采取了错误的教育方式，本来孩子就有反叛情绪，他们采取了强制的手段，孩子怎么能不产生激烈的反应呢？当和孩子发生冲突时，父母千万不要和孩子硬碰硬，而是多了解孩子想法，包容孩子，并且学会和孩子平等沟通，如此才能让孩子反省自己的行为，消除叛逆心理。

可以说，逆反心理是孩子普遍存在的现象，也是孩子成长过程中必须经历的。父母要知道，孩子不是自己的归属品，自己也不是孩子的敌人。只有多理解孩子，不带偏见地与孩子沟通，孩子才能消除叛逆心理，健康快乐地成长。

德西效应：奖励不是越多越好

有这样一个故事：

一位老人喜欢安静，可一群孩子却总是在老人门前嬉闹大闹，惹得老人不得安宁。为了让这些孩子安静下来，老人想到了一个好办法：他给每个孩子二十五美分钱，并对他们说：“你们让我家门口变得非常热闹，我也被你们感染了。请你们继续在这里玩耍，明天我还会给你钱，以表示感谢。”

第二天，孩子们果然高兴地来了，一如既往地嬉闹。老人也按照约定给他们每人一些钱，可这次却变成了十五美分。他说：“我没有太多收入，所以只能少给你们一些。”

第三天，老人给孩子的钱更少了，变成了五美分。虽然孩子觉得有些失落，但是依然还是前来玩闹。结果，到了第四天的时候，老人竟然一分钱也没有给他们。

这些孩子非常生气，觉得老人“不守信用”，于是发誓再也不来这儿了。从此，老人获得了安静。

这个老人非常聪明，他巧妙地把孩子原本乐在其中的玩耍转变成为了获得报酬的玩耍。而当他们得不到报酬的时候，就失去了玩下去的动机了。

从心理学来说，人们做一件事情的动机有两种，一是内部动机，一是外部动机。这个故事中，孩子们喧闹的内部动机就是玩耍的愉快感，而外部动机就是老人的奖励。原本孩子在门口玩耍，只享受玩耍的乐趣，而后来则是为了得到老人给的报酬。当报酬越来越少，他们的积极性就越来越低，知道最后因为失去了报酬而拒绝“给老人带来热闹感”。

这就是所谓的德西效应，这个理论是心理学家爱德华·德西在一次实验中发现的。1971 年，德西在一所学校随机抽取了一些学生，让他们做一些有趣的智力难题。这个实验分为三个阶段：

第一阶段，参与实验的全部学生没有任何奖励。

第二阶段，德西把学生分为有奖励组和无奖励组，有奖励组每完成一道题就可以获得一美元；而无奖励组学生依然没有任何奖励，像第一阶段那样的阶梯。

第三阶段，所有学生都在原地休息，自由活动。

随后，德西和研究员们对这些学生进行观察，他们发现有奖励组在第二阶段积极努力地解题，可一旦到了休息时间，就很少有人继续解题了。但是，无奖励组的学生则有很多人在休息时间继续解题。

这是因为什么呢？这是因为，有奖励组的学生是为了获得那一美元的报酬在解题，既然休息时间没有报酬了，那么就失去了解题的积极性了。而无奖励组的学生则对解题本身产生了兴趣，或是因为它具有挑战性，或是因为它比较有趣。

所以，德西得出这样的结论：当人们对某件事情非常感兴趣的时候，如果同时获得物质奖励，那么不仅无法提高人们的行动动机，反而会减少对于这件事的兴趣。简单来说，物质奖励会影响人们对于某件事情的兴趣和积极性。

这种效应产生的一种重要原因，就是外在报酬和内在报酬的不兼容性，当人们因为兴趣、爱好，或是成就感而努力做某件事情时，他们相信做这件事情最大的价值是让自己愉悦，或是证明自己的价值。

由此可见，在某种情况下，当人们获得物质奖励等外在报酬的时候，心态就会变了，对于这件事情的兴趣就会失去，受到外部动机的控制。如果得到的奖励越来越多，做事的积极性就会越高，同时，本身的兴趣就会逐渐减弱。一旦失去了报酬，做事的积极性也就随之失去了。

这一点，在孩子身上表现最明显。当孩子因为兴趣、爱好而做某件事情的时候，他们就会充满热情，付出全部的努力。但是当孩子因为父母的物质奖励而做件事情时，就很容易产生厌烦感，失去了热情。当父母用物质奖励来引诱孩子做某件事情时，孩子更容易失去积极性。

比如，在家庭教育中，很多父母为了让孩子好好学习，时常这样对孩子说：“如果你考试取得了好成绩，我就给你买最喜欢的玩具！”“如果你能获得班级第一名，我就带你到迪士尼去玩！”可是，父母要知道，这样的教育方式根本无法提高孩子的学习积极性，反而会让孩子形成错误的学习动机。

在父母物质奖励的引诱下，孩子失去了学习的兴趣，学习的动机也由学习知识、获得乐趣变成了为了获得最喜欢的玩具，或是获得游玩的机会。这样一来，学习的学习成绩怎么能提升呢?

不管是口头夸奖也好，还是物质奖励也罢，并不是越多越好的。不管做什么事情，父母想要让孩子有所进步，有所成就，就应该激发孩子对事件的本身动机，让孩子对其感兴趣，并且帮助他们在这个过程中获得乐趣。

当孩子真正因为兴趣、爱好或者成就感等内在报酬而努力的时候，那么离成功还会远吗?

热炉规则：警示性、一致性、即时性、公平性

两千多年前发生过这样一个故事:

孙武带着自己兵法觐见吴国君主阖闾，阖闾不太相信孙武的兵法，便用宫里的妃子和宫女来检验他的兵法。孙武把这些女子分为两队，并任命吴王宠爱的两个妃子担任队长，之后命令每个人手拿戟。

孙武演示了一系列动作，讲清楚了动作要领，并且明确地宣布了纪律，谁不好好完成就会受到惩罚。接下来，孙武击鼓命令女子向右转，女子不仅没有按命令执行，反而哈哈大笑起来。

这时候，孙武说:“纪律不明确，交代不清楚，这是我作为将领的罪过，不怪你们。”于是，他又三番五次地讲明纪律，然后击鼓命令女子向左，女子却又哈哈大笑起来。孙武严肃地说:“纪律不明确，交代不清楚，是将领的罪过。但是既然已经三令五申，士兵却不不执行命令，那就是下级士官的罪过了。”

于是，孙武不顾吴王的反对，杀了两个担任队长的妃子。这样

一来，所有的女子都不敢懈怠了，在训练中无人敢再笑，所有的动作都完成的整齐划一。

其实，这个故事很好地说明了“热炉效应”。所谓“热炉效应”就是组织中任何人一旦触犯了规章制度就要受到惩罚。烫火炉是不讲情面的，谁碰它，就烫谁。因为这个效应与触摸热炉与实行惩罚之间有许多相似之处而得名。

“热炉”这一形象的比喻，向人们说明了惩罚的几个原则：第一，热炉是火红的，它警示人们炉子是热的，一旦触摸就会被灼伤。这体现了警示性原则，也就是规章制度、纪律规则的警示作用。在家庭教育中，父母会为孩子们制定规矩、纪律，允许做什么，不允许做什么，一旦触碰到纪律、违反了规则，就会收到惩罚。第二，不管什么时候，只要你碰到了热炉，肯定会被灼伤，这体现了“热炉效应”的一致性原则。也就是说，只要孩子违反纪律、规则，就一定会受到惩罚。不能因为时间、地点不同，就会免于惩罚。第三，你一碰到热炉，立即就会被灼伤。也就是说惩罚是及时的、即时的，不会有所拖延。当孩子犯错的时候，父母应该及时教育孩子，使孩子受到惩罚，如此才能让孩子及时认识到错误、改正错误。否则，时间长了，惩罚就起不到相应的效果，孩子也就不容易管教了。第四，热炉是公平的，它只对事不对人。不管是谁，只要你碰到它，就会被灼伤。它和谁都没有感情，对谁都不讲情面，这就是“热炉效应”的公平性原则。当然所有的规章制度都应该坚持公平性原则，父母对于孩子也是如此，不能因为心软而对孩子免于惩罚，也不能因为长辈的“护短”而睁一只眼闭一只眼，否则这纪律、规则就如同虚设了。

俗话说，国有国法，家有家规。在家庭教育中，父母不仅要关爱孩子，把孩子照顾得无微不至，更要制定相应的规则和纪律，让孩子懂得遵守规矩。正如李开复所说的:“虽然我相信启发式教育的优越性，但是我同时也相信严格管教的必要。孩子的成长既需要启发，也需要纪律和规矩。”有了规则和纪律，孩子才能改正错误的行为习惯，形成良好的行为习惯。

同时，任何纪律都离不开严密的督促和管理，对于缺乏自制力的孩子来说，让他们自觉地遵守纪律是很难的。所以，父母就应该善于利用“热炉规则”，当孩子犯错的时候，及时给予警告，如果孩子还是继续犯错，那么父母就应该用惩罚来约束他们的行为。

乔然是一年级的女孩，但是却非常活泼好动，甚至有些顽皮，像个假小子。为了让孩子养成良好的习惯，不至于太顽劣，父母给她定了纪律:不许到处惹事，不能在学校捣乱，更不能违反学校纪律。

一天课间操时间，乔然和班里两个男同学踢足球玩，虽然学校有规定:不许在办公楼内踢足球，可是孩子们还是玩得不亦乐乎。没想到，由于用力过猛，乔然踢碎了教室窗户的玻璃。玻璃碎了一地，还划伤了坐在窗户旁的同学胳膊。幸好，老师赶过来，帮助那位同学处理了伤口才没有造成更大的伤害。

老师立即通知了乔然的妈妈，并且详细地讲述了她闯祸的经过。而乔然也知道自己做错了，回家后便立即向妈妈认错。这时候，奶奶也说:“孩子都认错了，这次就饶过她吧！”

可是妈妈并没有就此罢休，严肃地说:“我早就给你制定了纪律，不许惹祸，不许违反学校纪律。可你却明知故犯，在教室里踢球，踢碎了玻璃，又划伤了同学，你说是不是应该受到惩罚。再说，这是多危险的事情啊！还好同学伤的不深，万一伤了脸，毁了容，我们该怎么办？”

乔然说：“妈妈，我知道错了，以后再也不会做这样的事情了！”

妈妈说：“既然你犯了错，违反了纪律，就应该承担后果，受到相应的惩罚。你同意吗？”乔然点了点头，接着妈妈让她写了一封深刻的检讨，在全家面前念，然后明天到学校交给老师。妈妈还说：“作为惩罚，你这个月的零花钱取消了。我这样做，是为了让你记住教训，并且告诉你，违反了纪律就应该受到惩罚。”

或许有人认为，乔然的妈妈太过严厉，孩子都认错了，为什么还要惩罚呢？实际上，这位母亲是明智的妈妈，深知教育孩子的技巧。她知道孩子顽皮，所以制定了相应纪律，给予孩子警示：犯错了，就要受到惩罚。而当孩子在学校犯错之后，她并没有因为老师批评了孩子，就免于对孩子的惩罚，同时也没有因为孩子认错、奶奶的说情就“高抬贵手”。正是因为她及时给予孩子合理的惩罚，才让孩子学会了自律，并且懂得遵守纪律的重要性。可以说，她的这种做法完美地诠释了“热炉规则”。

生活中，任何父母都应该明白纪律和惩罚的重要性，并且懂得“热炉规则”的价值。如此，孩子才能明确地知晓自己应该做什么不应该做什么，知道遵守纪律的好处和违反纪律的坏处，健康地成长。

皮格玛利翁效应：期待，是给孩子最好的教育

皮格马利翁效应，也叫作期待效应，简单来说就是，你期待什么，就会得到什么。只要你对某件事情充满了期待，那么事情就会向你期待的方向发展。比如说，你期待某件事情会成功，相信自己一定会顺利完成，那么就真的会成功。相反的，如果你担心自己就

失败，相信事情会遇到阻力，那么就会遭遇失败。

1968 年，美国著名心理学家罗伯特·罗森塔尔博士来到了加州的一所小校，他和研究团队从每个年级各挑选了三名学生。然后，他告诉学校和老师，这些学生比其他人都优秀，拥有优异的发展潜能，只不过在学习中还未表现出来。

其实，这些学生并不是特意挑选出来，而是罗伯特·罗森塔尔博士从学生名单中随意抽取出来的。令人感到意外的是，这些学生在之后的时间内都获得了巨大的进步，一些学生的期末成绩还比其他人高出了很多。

这是因为，学生们受到了老师期待的影响。因为老师们认为这些孩子具有天赋，具有优异的发展潜能，所以对他们寄予了更大的期望。上课时，老师们会给予他们更多的关注，时不时向他们传达"你很优秀""你很有潜力"这样的信息。学生们也感受到了老师的关注，所以受到了激励，从而对于学习更有激情、更努力，因此取得了更好的成绩。

最后，罗伯特·罗森塔尔得出了这样的结论：教师的期待对于孩子的进步有很大的影响，使学生们产生了一种改变自我、完善自我的进步动力。相反，会让学生对自己产生怀疑，越来越失去努力的动力和信心。

蕊蕊是一个普通的小女孩，成绩一般，性格懦弱，不管是老师还是同学，都对她印象不深。而她也越来越自卑，不愿意和同学们交朋友。

其实，她最害怕的人是妈妈，在她看来，妈妈总是对她说："你就是没出息，成绩永远也好不了。"每次考完试后，妈妈都会拿着试卷批评她，说她为什么这么不争气，为什么这么笨。然后，还举出班上几个学习优秀的学生，说他们是如何聪明，成绩如何优异。

慢慢地，蕊蕊觉得自己不管怎么努力，也无法获得好成绩了，更无法让妈妈满意。于是，她变得越来越自卑，认为自己很“没出息”好像是一件正常的事情。

其实，蕊蕊之所以这样，与妈妈的教育方式是分不开的。孩子或许不那么优秀，不那么聪明，但是这也不是父母指责孩子“没出息”的理由。父母越是贬低孩子，孩子就无法看到父母对自己的美好期待，从而变得越来越没有信心，相信自己就是一个不优秀的人。

所以，身为父母，千万不要把“你不行”“你真是个废物”“我觉得你无法成功”挂在嘴边。因为这种负面的期待会让孩子对自己失去信心，形成负面消极的心理暗示。当父母说这些话的时候，他们就会滋生这样的想法：既然你对我的期待这么低，这么不相信我，那么我还努力什么呢？即便我做得再差，恐怕父母也无所谓了。时间长了，孩子就真的如你期待的一样，成为一个“废物”了。

事实上，每个人都渴望被肯定、被赞同，情感和观念会不同程度地受到别人言语、行为的影响。当一个人被人喜欢、信任的时候，就会变得积极快乐，被人赞赏、期待的时候，就会不断地完善自己，以避免让对方失望。孩子更是如此。

期待、信任、肯定具有一种神奇的力量，可以改变孩子的行为，让孩子变得越来越好。所以，身为父母想要孩子更好地成长，未来有所成就，就应该对孩子充满美好的期待。不妨多对孩子说：“我对你抱有很大的期待，你是一个聪明的孩子。”“我对你很有信心，你一定能够做好这件事情。”“你是最棒的，我希望你能取得好成绩。”

有这样一个孩子，很少得到父母的赞扬，不管他做了什么，父母都不会给予肯定。所以他对父母非常不满，时常做出出格的事情，学习也不积极努力，成了父母眼中的“坏孩子”。

后来，这个孩子的妈妈去世了，爸爸为他找了继母。当爸爸介绍几个孩子的时候，说“这个孩子比较聪明”“这个孩子很听话”。可到了他这里的时候，却说：“这个孩子是几个孩子中最坏的。”

爸爸的话，让孩子感到震惊。他不明白，为什么爸爸会这样说自己，难道自己在爸爸眼中一无是处吗？他想，既然你说我是最坏的，那么我就做坏事给你看！

可令他没有想到的是，继母并没有因为父亲的话而疏远他，反而把手放在他的肩膀上，温柔地说：“我可不这么认为。我看得出来，这个孩子是最聪明的一个。他身上有很多优秀的品质，我相信他一定能有所成就。”

听着继母对自己的期待，这个孩子感到了前所未有的温暖，发誓一定不辜负继母的期待。之后，在继母的赞扬和鼓励下，他改变了过去的行为，变成了努力学习、懂事乖巧的孩子，并获得了优异的成绩。这个孩子就是美国成功学的创始人——拿破仑·希尔。

从本质上来说，皮格马利翁效应就是一种心理暗示，当父母给予孩子美好的期待时，孩子就会受到积极的心理暗示，心中产生一种满足感、被期待感。为了保持这种感觉，孩子就会不自觉地按照父母的期待来改变自己，从而变成父母所期待的样子。可一旦父母对孩子没有美好的期待，那么孩子就会受到消极暗示，自尊心、满足感就会被打击，从而自暴自弃。

因此，对于孩子来说，父母的美好期待，就是给他们最好的教育。这不仅会让孩子变得越来越好，成为出色的人，还可以让孩子充满信心，变得越来越积极乐观。

当然，父母的期待也应该适可而止，如果对孩子所寄予的期望过高，超过孩子的能力范围，那么孩子就会承受沉重的心理负担，变得惶恐不安，从而向着相反的方向发展。

古人说：“百炼方能成钢，千锤才可砺刃。”父母千万不要因为爱孩子，就避免让孩子经历挫折和困难。挫折是孩子成长的试金石，当孩子坦然地面对挫折，具有战胜挫折的勇气和能力，并且战胜一个个挫折时，他们才能具有搏击长空力量，内心才能坚强勇敢，从而迈向美好的未来。

跨栏定理：挫折是成长最好的试金石

一位名叫阿费烈德的外科医生在解剖尸体的时候，发现一个奇怪的现象：那些患病的器官并没有人们想象的那样糟糕，相反，在与疾病的抗争中，为了抵御病变，它们往往比那些正常的器官具有更强的机能。

最开始，他是从肾病患者的遗体中发现这一现象的，当他从遗体中取出那个患病的肾时，发现它比正常的肾更大。随后，他还发现另外一只肾也非常大。在多年的医学解剖过程中，他发现这种情况不仅存在于心脏、肺等器官上，几乎所有人体器官都存在着类似的现象。

为此，他得出了一个结论：因为不断和疾病做抗争，患病器官的功能会不断增强。如果有两个相同的器官，一个器官死亡后，另一个健全的器官会努力地承担起全部责任，从而变得更加强壮。

随后，在给美术学生治病的过程中，他又发现了一个奇怪的现象：这些艺术类学生的视力还不如其他人，有的甚至是色盲。随后，他对艺术院校的教授进行了调研，发现结果与学生完全相同。一些有所成就的教授之所以走上艺术道路，大多是因为受到了生理缺陷的影响。这些缺陷不仅没有阻止他们亲近的步伐，反而促使他们走上了艺术道路，并取得了成功。

阿费烈德将这种现象称为“跨栏定律”，简单来说，当一个人的前面有栏杆的时候，不仅无法阻止他前进，反而促进他更努力地跨过它。而竖在面前的栏杆越高，人们跳得也越高。可见，一个人的成就大小往往取决于他遇到的困难程度，困难越大，成就也就越大；困难越小，成就也就越小。

因此，在家庭教育中，父母不应该过分溺爱孩子，而是因为适当地给孩子挫折教育。每个孩子都像是稚嫩的幼苗，如果不经历些风雨的洗礼，不经历些挫折和困难，就很难成长为参天大树。

由于家境贫困，当他还是一个孩子的时候，就承认起家庭的责任。艰苦的生活并没有打到他，反而让他早早就养成了勤劳、勇敢和坚强的品质。之后，他又遭遇了一系列打击，父亲疯了，亲妹妹死了，母亲和弟弟后来也相继离家出走……这一系列家庭变故就像是一座座大山一样，阻挡了他前进的步伐。

贫穷和家庭变故使得他的生活举步维艰，但是这并没有让他产生退缩的想法，在贫穷困苦磨砺之下，他燃起了奋斗、努力的决心。最终他战胜了一个个困难，以优异的成绩考上了大学，改变了自己的人生。

可见，挫折和困难是孩子成长最好的试金石。一个没有经历过挫折的孩子，将来必定无法艰难地面对困难；一个没有经历过挫折的孩子，最终也无法形成坚忍不拔的意志，不能充满自信的力量。只有经历了挫折，孩子才能真正地成长，从而最终走向成功。

可是，现实生活中，很多父母却生怕孩子受了委屈，担心孩子受苦，更不愿意让孩子经历挫折。他们给孩子最好的保护，提供最好的环境、物质条件，结果孩子就像是温室里的花朵一样，一旦遇到些困难和挫折就手足无措了。

作为父母，教育孩子的目的，就是培养孩子健全的人格、顽强的意志，让孩子能够从容地面对生活中的各种困难和挫折，培养孩子战胜挫折和困难的勇气。一位母亲就曾经说：“作为母亲，我有责任和义务帮助孩子具有战胜挫折的能力，让孩子坦然地面对挫折，努力战胜困难。这对孩子来说，是最好的帮助。如果我们一味地溺爱孩子，把孩子保护得密密实实的，那就是害了孩子。”

这一年，这位母亲的儿子因为生病需要进行一次手术，医生为了安慰孩子说：“手术并不痛苦，你不用害怕。”

但是这位母亲却阻止了医生，她说：“孩子已经懂事了，应该懂得如何认识和面对挫折和痛苦。”她温柔地对孩子说：“手术结束后，你会感到非常痛苦。这痛苦只能你自己承受，谁也代替不了你，所以你必须做好心理准备。不过好消息是，手术后你的病就会痊愈。”

听了母亲的话，孩子勇敢地接受了手术。虽然手术后因为伤口的疼痛感到痛苦，但是他没有哭泣，也没有抱怨。

这位母亲是明智的。因为孩子的人生不可能一帆风顺，会有顺利也会有挫折，而这些都是孩子必须面对的。如果孩子从小没有学会坦然地面对挫折，不具有对抗挫折的承受力，那么很容易就会被打趴下，无法获得更大的成功。

作为父母，不要担心孩子吃苦，也不要害怕孩子遭遇挫折，而是应该在孩子成长的过程中，有意识地设置挫折情境，培养孩子抵抗挫折的能力。比如，玩游戏的时候赢过孩子，让孩子到农村吃吃苦……当然了，设置挫折情境也要适当，必须结合孩子的年龄和性格等特点，否则孩子就会因为多次失败，变得自卑起来。

当孩子遇到困难和挫折的时候，父母不要立即帮孩子解决，或是代劳，而应该鼓励他克服困难，引导孩子找到解决问题的方法。由于孩子的年纪小，一旦遇到挫折就会垂头丧气、气馁退却，这个时候，父母就应该及时鼓励孩子，帮助孩子勇敢地向困难发起挑战。

最为关键的就是，父母千万不要对孩子关于娇惯，什么事情都为孩子包办，让孩子衣食无忧，成为没有经历任何打击和挫折的“玻璃娃娃”。

第十四章

chapter14

你看到的，或许只是情绪眼中的世界

幸福递减定律：得到的越多，幸福感就越少

一个饥肠辘辘的人在吃第一个面包的时候会感觉无比美味，吃第二个的时候会感觉很满足，吃第三个的时候就会感觉饱胀，如果这时继续吃第四个、第五个，那就成了负担，最初的快乐荡然无存，甚至会感到痛苦。人们从物质享受中所得到的满足和幸福感，会随着所获物质享受的增多而减少，这就是著名的幸福递减定律。

这个幸福递减定律乍听起来有些不合逻辑，但仔细想想，现实生活中居然可以找到许多例子。我们应该都听过一个关于明朝开国皇帝朱元璋的典故，说是他从小家庭条件非常苦，经常吃不饱肚子，17 岁那年又遭遇灾年和瘟疫，父母双亡，朱元璋一下子陷入无家可归的境地，被迫到黄觉寺当了一名小和尚，以图有口饭吃。谁知饥荒越来越严重，寺庙里的和尚们也没有饭吃了，大家只好四处云游化缘求生。

有一次，朱元璋一连几天都没讨到吃的，又饿又绝望，昏倒在路边，一位路过的老婆婆不忍心看他饿死，就把家里仅有的一块豆腐和一小撮青菜放在剩粥里一起煮了，喂给朱元璋吃。朱元璋觉得这简直是人间美味，一口气吃了个精光，吃完又问老婆婆是什么菜，老婆婆随口答道："珍珠翡翠白玉汤。"其实也就是根据米饭、青菜和豆腐的颜色随口那么一说。

后来朱元璋当了皇帝，整日里山珍海味享用不尽，但他却越来越思念当年那位老婆婆做的"珍珠翡翠白玉汤"，觉得吃遍了天下山珍海味，却始终没有再吃到当年的美味。他命御厨来做，结果没有一个御厨能做出"珍珠翡翠白玉汤"。最后，他想尽办法找到了当年救自己的那位老婆婆，让她再做一次"珍珠翡翠白玉汤"，结果朱元璋吃后，觉得平淡无味，并没有记忆中那么鲜美爽口，他问："婆婆做的汤怎么没有当年那么美味了？"老婆婆笑着说："当年你一无所有，几乎要饿死，那个时候无论我给你什么吃，你都会觉得是人间美味；现在你已经当了这么多年的皇上，天底下所有的美味你都尝遍了，这青菜叶子和豆腐煮出来的粥又怎么能满足你的口味呢？"朱元璋这才恍然大悟。

其实这正是"幸福递减律"现象在生活中的体现。它告诉我们，当我们处于各方面相对匮乏的境地时，一点微不足道的收获可能会带给我们极大的喜悦；而当我们所处的环境渐渐变好时，我们内心的观念、需求乃至欲望等都会发生变化，同样的收获再也不能给我们带来当初的幸福感了。归根结底，变化的还是我们的心境，拥有的越多，反倒越不知足，这也许就是许多人感慨"身在福中不知福"的原因所在吧。

那么，怎样才能避免这种"不知足"的心态呢？生活当中，我们追求更多更美好的事物是应该的，大多数人在取得收获的同时，总是倾向于和别人比，这是不对的，我们要学会和自己比。很多时候我们有这样的体会：你的生活状态明明已经比过去好了很多倍，但突然发现有人比你现在还好，这时候你的快乐突然就没了，幸福感戛然而止，心情一下子陷入低谷……

人都是有贪欲的，想要的东西越得不到就越想得到，千方百计才得到了就会觉得很高兴，但是得到的多了就反而会变成一种负担，这负担来自欲望的膨胀，即渴望得到更多的心理，一旦欲求获得满足，马上会产生更多的欲求，否则，就会觉得生活无趣。

可见，太多的欲望是痛苦的源泉，解决的唯一方式是不要企图比别人拥有更多，只要和自己的过去相比有所进步，就完全足够。人最大的对手从来不是别人，而是自己。无论是在运动场上，还是人生的漫漫长路，每个人终归是要跟自己比赛、挑战自己、战胜自己，然后超越自己。不求与人相比，但求超越自己。

天知道你每天进步一点，你一年会是什么样子？十年会是什么样子？只要我们努力了，自然会得到应有的回报，这才是我们的幸福所在。

总而言之，生活中我们要做一个能够掌控欲望的人，正确看待欲望与收获之间的关系，要把收获转化为幸福，而不是更多的欲望。生活中有太多的快乐和幸福等着我们，我们努力了，收获了，就是幸福。如果内心的欲望失控了，那么再多的收获也无法转化为幸福感。人生在世，为自己的追求而努力，只求自己内心的充实，才是幸福的真谛。如果你掌握了这个规律，并学会驾驭它，那么，你也会成为一个幸福感爆棚的人。

酸葡萄效应：可笑却的确实用的幸福法则

在伊索寓言中，有一个《狐狸与葡萄》的故事，说的是一只狐狸想要吃到葡萄藤上已经熟透的葡萄，它跳起来，够不到，又跳起来，还是够不到，反复几次之后，也没有吃到葡萄。于是那狐狸说："反正这葡萄是酸的，吃不到也罢。"言外之意是反正那葡萄也不能吃，即使跳得够高，摘得到也还是"不能吃"，这样，狐狸也就"心安理得"地离开，去寻找其他好吃的食物去了。

伊索写这篇寓言的本意，是讽刺某些人善于找借口，以求心理平衡。不过，仁者见仁，智者见智，也有人认为这个狐狸特别聪明，"吃不着的葡萄是酸的"，虽然有找借口之嫌，却平衡了自己的心理，起到了自我保护作用，这就是我们所说的"酸葡萄定律"。

对于那只狐狸来说，想吃葡萄而又跳得不够高，这其实相当于一种"挫折"或"心理压力"，此时此刻那狐狸该怎么办呢？如果选择一个劲地跳下去，就是累死也还是跳不到够那葡萄的高度；放弃吧，还会觉得可惜而为之耿耿于怀，而"反正葡萄是酸的，吃不到也不可惜"这种想法，还真不失为一种明智的选择。

我们不妨想一想，日常生活中，我们也常常会做出与那只狐狸一样的选择，比如，打碎了精美的花瓶，就会用"碎碎(岁岁)平安"的说法来安慰自己；逛街丢了钱包，也会有很多人劝自己说"财去人安"，或者说是"破财消灾"。这样的自我安慰，不是比气得吐血、气得血压升高要好得多吗？因此，很多人就提倡心理学上的"酸葡萄心理"，让大家向那只聪明的狐狸学习，这可能是伊索他老人家无论如何也想不到的。

“吃不着的葡萄是酸的”，既有消极的一面也有积极的一面，伊索看到的只是前者而不是后者，而我们要学会看到其中积极的一面。我们的生活不可能每天都很顺心如意，在遇到不如意的事情时，要学会自我调节和排解，学会从思想中消除这些不如意带来的负面情绪。可排解这些负面情绪需要一个过程，需要有一个理由去自我说服，于是就有了“吃亏是福”“傻有傻福”“破财消灾”“塞翁失马，焉知非福”等说法，让我们在遭遇不如意时能够很快地调整好心态，不被负面情绪所困扰。

对于每一个人而言，有些不如意的事情，若能改变，当然该向好的方向努力；若已成定局，无法挽回，就该宽慰自己、接纳事实，承认现实。比如我们争取一个职位，花了很大力气，却没有取得成功，这时不妨告诉自己：“这个岗位其实并没有我想象的那么适合。”或者说：“这个职位虽然看起来很风光，可那只是表象，其实一点也不轻松而且发展前景并不是很好。”等等。这种酸葡萄心理，其实也可以算作一种“精神胜利法”。从一定意义上来说，这能够调节自己的心理，使之保持一种心理平衡，是一种自我安慰、自我调节的方法。毕竟，对于那些自己追求不到的东西，与其苦苦追求，对自己和别人都造成极大的困扰，还不如想开一点，让自己保持一份好心情。

因此，“酸葡萄效应”虽然看起来有些愚蠢可笑，但的确有一定的积极作用。它可以在心理素质层面给一个人带来提升，使之具备某种消化受挫感的能力，可以帮助人们在遇到挫折时尽快从负面情绪中解脱出来，从而灵活轻松地追求目标，暂时保持一种良好的心态，避免出现情绪上的低落和行为上的偏差。

常言道“人生在世，不如意事十之八九。”“不如意”给人的受挫感固然会增添心灵上的痛苦，但也可能把人锻炼得更加成熟和坚强。因此，掌握一套对付心理挫折的防卫方式，有助于恢复心理平衡，也有助于锻炼我们的心智。而合理运用“酸葡萄心理”来排解负面情绪不失为一个好的选择，在日常生活中，你不妨一试。

史华兹论断：幸福是一种感觉，能不能拥有取决于你自己

美国管理心理学家史华兹·史华兹曾经讲过一个故事：两只小鸟在天空中飞行，其中一只不小心折断了翅膀。无奈，它只好就地栖息疗伤。而另一只小鸟一边独自飞行，一边在心中惋惜，觉得伙伴受了伤，太不幸了。可是它没有注意到，不远处一个猎人正在举枪瞄准它。最后，这只本以为自己很幸运的小鸟惨死在了猎人的枪口下，而它认为不幸的小伙伴在养好伤后继续出发了。“所有的坏事情，只有在我们认为它是不好的情况下，才会真正成为不幸事件。”这就是著名的“史华兹论断”。

“史华兹论断”听起来与中国古代“塞翁失马”的故事有异曲同工之意，表达的意思其实大同小异，即幸福来临时并非大多数人想象的模样，很多时候它会披上各种伪装的外衣。我们能不能获得幸福，取决于我们能不能从这各色的外衣之下看到幸福的样子。

事实上，世间万物是在不断发展、变化的，幸福与不幸也不是永恒不变的，很多时候甚至可以互相转化。只有我们学会放眼前方，用心去体会得到与失去之间的微妙关系，最终才能拨云见日，看到事物表象之后所隐藏的本质。而幸福感，正是取决你看待事物和得失时的心态。

中国古时先贤孟子说过一句话：“鱼，我所欲也；熊掌，亦我所欲也。两者不可得兼，舍鱼而取熊掌者也。”人生在世，有得必有失。从这个角度看，无论收获了什么还是失去了什么，其实都是人生的一种收获，唯有这样，我们才能做到知足，做到快乐，才能甩去一切烦恼。

我们每个人的人生其实就是一次旅行，会碰到阳光，也会遭遇风雨，永远晴空万里是不可能的。因此，一个人辉煌也好落魄也罢，都不能成为我们抱怨的理由。最重要的是要保持良好的心态。要知道，人生无常，每天能迎接升起的太阳，其实就是一种幸福，就要珍惜，如果我们能够知足，就能把每天遭遇到的烦恼和不愉快统统忘却、抛弃，并用自己的智慧去面对生活中的种种遭遇，这才是我们得到快乐的密钥所在。

皮斯托瑞斯这个名字也许没有太多人知道，但是相信很多人都记住了 2012 年伦敦奥运会上参加田径比赛的那位没有小腿的“刀锋战士”。

皮斯托瑞斯出生于南非，他刚生下来时小腿就没有腓骨并且只有 4 个脚趾，出于对身体保护的需要，不得不在 11 个月大时截掉膝盖以下的腿部，出生 11 个月后，皮斯托瑞斯就已经习惯了自己没有小腿。在外人看来，这是不幸的，但在他自己看来，这并不是悲剧的开始 ，而是生命的一次重生。在他看来，没有双腿并不是上天安排给他的一场悲剧，相反，他积极面对生活，甚至爱上了一项原本他最不可能参加的运动——短跑，他乐观的精神令身边所有人感动，他始终没有放弃过自己的田径梦想，一直带着义肢征战在田径赛场。如今，皮斯托里乌斯是残疾人 100 米、200 米和 400 米短跑世界纪录的保持者。被人们称为现实版“阿甘”“刀锋战士”“世界上跑得最快的无腿人”，甚至是残奥会上的博尔特。

曾经有人问起他不幸失去的双腿，刀锋战士是这样回答的：“虽然我没有双腿，但值得庆幸的是我还拥有梦想，而且科技的发展能够帮助我在风中奔跑起来，能够在奥运会决赛的跑道上跑上一程，就已经非常令人难以置信。人生本来就充满幻想，虽然可能无法获得更好的成绩，但参加奥运就是一生中最欢乐的时刻，我需要尽情地享受，还需要和他人分享，以激励那些正处在困境中的人们。”

看到这些，你能说这位从小没有双腿的残疾人不幸福吗？他没有去纠结那些他所没有的，而是看到自己所拥有的，这才是幸福的人生态度。生活中那些看不透得失的人们，从来都看不到自己所拥有的那些宝贵财富，比如健康，比如平安，比如亲情爱情友情，他们总是看到别人比自己拥有的更多，殊不知拥有也是相对的，没有人可以拥有一切，只有懂得控制欲望的智者。

生活中，我们还要学会看到自己的优势，了解自己的特质和优势，了解自己能做什么能做好什么。了解自己的真相，就能看清楚自己拥有的幸福。反之，盲目比较会使自己陷入嫉妒、烦恼之中。如果总是看别人比我们好的地方，看不到自己拥有的，总是计较名利，就会陷入抱怨的泥沼，给自己背上沉重包袱。

其实，人生的痛苦不是不如人，而是忽略眼前的幸福。很多人抱怨没有名牌鞋子穿的时候，他们忘了还有许多人甚至连脚都没有。人生旅途上，如果我们用发现拥有的目光去看，你会发现周围青山翠木，流水潺潺，人生处处皆风景。很多时候，我们不要总以眼前的利益去比较，而要放在人生过程中去衡量。人生还长，不应该在乎一时一利的得失，而应该放在人生天平上来衡量，这样你就会发现，许多原本我们认为很重要的事情，其实无足轻重，不值一提；而有些原本我们认为微不足道的事情，却恰恰意蕴深厚，值得珍惜。

日常生活中，我们不妨经常告诫自己：得到的未必一定是幸福，失去的未必一定是不幸，暂时的失去很可能会给自己带来更多的收获，多看到自己所拥有的，就能让幸福时时装在心里，你就能成为这个世界上最幸福的人。

情绪定律：只要你愿意，总能找到一件让你发笑的事

想必大家都有这样的体会：兴高采烈的时候，看什么都顺眼，做什么都顺手；情绪一落千丈的时候，觉得自己做什么事都不顺心，什么都做得不好。这就是情绪的强大影响力，也就是心理学上所说的“情绪定律”，即人百分之百是情绪化的，任何时候的决定都是情绪化的决定，不同的情绪可以影响人们对同一件事情产生不同的看法和感受，继而做出不同的决定。

曾经有一个老太太，她有两个儿子，大儿子是卖草鞋的，小儿子是卖雨伞的。于是乎，晴天的时候老太太担心小儿子的雨伞卖不出去，雨天她又在担心大儿子的草鞋卖不出去，所以老太太每天都愁眉苦脸的，非常困扰。

后来有一天，一位智者告诉她，你何不换一下想法呢？晴天时，你就想大儿子的草鞋可以卖出去了；雨天时你就想小儿子的雨伞可以卖出去了，这样想，是不是很开心？老太太就照着做了，果然每天都很开心。

这个故事很简单，但我们不妨想想，许多时候，我们也和那个老太太一样，如果你总是往不好的地方去想，好事会变成坏事，你

也会整天闷闷不乐；如果我们总是往好的方面去想，坏事也会变成好事，那么你将会赢得一份好心情。人也是如此，事情还是同样的事情，只是自己面对它时，带着不同的情绪得到的就是两种截然不同的心情。学会调整自己的情绪，你就会多一些快乐。

那么，该如何去调整自己的情绪呢，其实只要你愿意，总能找到一件让你发笑的事情。比如，哲学家苏格拉底是单身汉的时候，曾经和几个朋友一起住在一间小屋里。尽管生活非常不便，但是，他一天到晚总是乐呵呵的。有人问他："那么多人挤在一起，住宿条件太差了，连转个身都困难，有什么可乐的呢？"

苏格拉底说："跟要好的朋友们住在一块儿，随时都可以交换思想，交流感情，这难道不是件很值得高兴的事吗？"

过了一段时间，朋友们一个个相继结婚了，也先后从那里搬了出去。屋子里只剩下苏格拉底一个人，但是他每天仍然很高兴。

这个人又问："你一个人孤孤单单的，有什么好高兴的？"

"我有很多书啊！一本书就是一个老师。和这么多老师在一起，时时刻刻都可以向它们请教，这怎能不令人高兴呢？"

柏拉图的一位学生曾向他提问，说："您总是那么快快乐乐，可我却感到，您平时所处的环境并不那么好呀。"

柏拉图回答道："决定一个人心情的，不是在于环境，而在于心境。"

正如柏拉图所说，一个人的坏情绪不是由外界原因所造成的，而是由自己的情绪造成的。心理学家已经证明，人不仅仅是消极情绪的放大镜，而且也是积极情绪的制造者，生气郁闷只能是折磨自己，快乐的钥匙不是掌握在别人手中，而是掌握在自己手中，我们要学会做情绪的主人，而不是被情绪所左右。

日常生活中，我们应该学会调整自己的情绪，这样就可以时常保持积极情绪。调整情绪状态的方法有很多种，比如，宽容别人，保持积极乐观的心态，能接纳自己的情绪变化，善于及时调整自己的不良心态，掌握有效的自我调节的方法，等等。

这些方法在现实生活中特别实用。比如，不慎掉进了河沟里，你就可以想象没准儿会顺便抓到一条鱼；丢了十块钱，不妨想象这十块钱可以帮助一个饥肠辘辘的流浪汉吃一天饱饭。甚至在我们遭遇挫折失败的时候，也可以这样来开导自己：失败并不意味着浪费时间和生命，而意味着又有理由去拥有新的时间和生命。

常言道：如果你不是老想着自己是否幸福，你就获得幸福了。其实一个人过得幸福不幸福，并没有什么评判标准，人对幸福的理解和追求也是没有止境的。幸福，其实就是自己的一种心态。懂得知足，把握住现在拥有的一切便是人生最大的幸福。

踢猫效应：别用别人的错误来惩罚自己

某企业的董事长一大早因和老婆吵架，负气上班，坐到办公室里还余怒未消。恰好有位部门经理要汇报工作，董事长极不耐烦地说：“这点事自己都解决不了。我要你们干吗？”

这位经理碰了一鼻子灰，悻悻地回到了办公室。这时，经理手下的一位业务主管有事要请示他，经理极不耐烦地说：“这种事情还来找我解决？你们自己怎么不多动动脑子？自己想辙去！”

这位业务主管碰了钉子，感觉很沮丧。下班回到家刚坐下，儿子想问他数学题，他气呼呼地说：“就你事儿多，一边儿去！叫我清静会儿！”

儿子被爸爸的无名火搞得很郁闷，正要灰溜溜地走开，却被自己一向很宠爱的小猫绊了一下。儿子正窝着火气没处发，冲着小猫就是一脚，“讨厌，没见我心烦吗？叫什么叫？一边去！”

猫逃到街上正好一辆卡车开过来，司机赶紧避让，却把路边的孩子撞伤了。

这就是心理学上著名的“踢猫效应”，它所描绘的是一种典型的坏情绪的传染。

生活中，我们都会有这样的体会：很多时候总是容易被一些琐碎的事情困扰，为毫无由来的事情生气，事实上，很多时候让我们生气的事情往往不是因为我们自己的过错，而是因为别人的无知。在这种情况下生气是其实最不明智的一种选择，因为，即使我们发再大的脾气，做再激烈的反应，难道就能挽回已经发生的事情吗？

事实正好相反。如果我们因生别人的气而大哭一场，只会把自己的眼睛哭得红肿；如果我们因生别人的气而喝闷酒，也只能伤害自己的身体；这些其实都是在拿别人的错误来惩罚自己，无异于在为他人的无知埋单，这样一来，我们所做的不但没有解决问题，反而把问题搞得更加复杂了。

因此，在每次我们想要发脾气前，不妨先冷静问下自己：“别人会不会为我的坏脾气‘埋单’？”答案自然是不会，所以我们不妨把心放宽一点，何必为别人的无知“埋单”呢？当别人的错误影响到你时，不要生气，因为生气就等于是用别人的过错来惩罚自己，你所要做的，是把别人的错误转化为自己向上的动力，鼓足了劲去提高自己，让别人对你心服口服。控制好自己的情绪，少为别人的无知生气，我们就会把自己的生活过得更加轻松自如。

有这样一个小故事，说是有一群人比赛谁能爬上村子里最高那棵树，这件事引来整个村里的人围观，人们议论纷纷："这太难了！你们绝对爬不上去的。""树太高了！从来没有人敢爬这棵树！"听到这里，有些人便放弃了，但是还有不少仍然继续爬的人，大家又继续说："这太难了！村子里最老的老人也没听说过有人能爬上去的……"就这样你一言我一语的，越来越多的人退出了比赛。

但是有一个人越爬越高，最后当其他的人都无法再前进的时候，他却成为唯一到达顶点的选手。其他的人都想知道，他是怎么做到的？于是便跑上前去询问，才发现原来这个人是个聋子！他根本听不到围观的人在说什么！

故事很简单，但是我们要学会去思考，这个小故事让我们明白：嘴巴是别人的，人生却是你自己的。很多时候我们因为别人无知的言论或者做法而影响到自己的情绪，甚至影响到我们的人生历程，这其实是一种很愚蠢的做法。虽然我们不必做个真正的聋子，但却要永远充满希望、乐观和积极，不要听那些消极、悲观的话，也不要因为别人的无知和错误而让自己生气抱怨，因为他们只会泼别人的冷水，浇熄你的毅力。

在这个现实的社会里，即便遭受旁人无情的冷落、批评、否定、甚至排挤，也不代表着你就必须唉声叹气、自怨自卑，唯一能否定你的人，只有你自己！周围的人和事我们无须耿耿于怀。我们要学会给自己吃"宽心丸"，并且要坚守自己的想法和目标，不去过多地计较别人犯的错误，更不要在寻求他人对自己的理解中消耗过多的时间和精力，要从被动地适应他人中解脱出来，否则你就是在为别人的无知和错误埋单，最后被伤害的或者失去的是自己而不是别人。

每当我们因为身边的种种情形生气的时候，一根手指指向别人的同时，你留意到没有？其余三根手指是指向自己的。这就提醒我们：因为别人的无知和错误生气，受伤害最大的还是我们自己。无论什么时候，都要记住一点：不要因为别人的错误和无知生气，我们不能让自己的情绪只停留在问题的表面，我们必须学习“转念”“少点怨，多点包容”，让别人带来的负面影响远离自己，用乐观的思绪迎接人生。

现实生活中，我们每个人既有可能是那只“踢猫效应”中的董事长，也有可能是那只可怜的小猫，总之只要我们控制不了自己发怒的冲动，抵制不了身边其他人的坏情绪，那么我们就永远只能是坏情绪的奴隶，逃不过传播怒气和被怒气传染的结果，如果我们想要避免这悲剧的发生，那么就要时刻在内心警醒自己：因为别人的错误而影响自己的情绪，不仅会害了自己，也会害了身边的人。

野马结局：愤怒带来的连锁反应

非洲草原上的野马最怕吸血蝙蝠，这种蝙蝠靠吸食动物的血生存，常叮在野马的腿上，不管野马怎样暴怒、狂奔，吸血蝙蝠始终不依不饶，一定要从容地吸饱血之后再离开。而野马拿这些“吸血鬼”毫无办法，最终会被活活折磨死。

然而，动物学家研究发现，这些吸血蝙蝠所吸的血量极少，对野马来说根本不足以致命。真正导致野马丧命的，是它们被蝙蝠盯上以后的暴怒和狂奔。换句话说，吸血蝙蝠只是野马死亡的诱因，而野马对这一诱因的剧烈的情绪反应，才是造成它们死亡的最直接原因。因此，有心理学家将生活中因芝麻小事而大动肝火，以致因别人的过失而伤害自己的现象，叫作“野马结局”。

莎士比亚曾说过：“不要因为你的敌人燃起一把火，你就把自己烧死。”当你发怒的时候，怒火也许会烧及他人，但在更多的情况下，它烧的是发怒者自己。

无论是在生活还是职场，只要我们留心观察，我们随时可以找到正在生气的人：饭店里，顾客也许正在和服务员争论；大街上，公交车司机也许正因交通堵塞而怒气冲天；公司里，业务员也许正在发脾气抱怨仓库系统的流程出现问题……类似这样的事情，举不胜举。那么不妨反过来看看我们自己，是否动辄上火发脾气？是否让愤怒成为你生活中的一部分？也许，你会为自己的愤怒和抱怨大加辩护：“人嘛，总有生气发火的时候。”“我要不把肚子里的抱怨讲出来，非得憋死不可。”在这样的借口之下，你时不时地放任内心的怒气，甚至为了一些鸡毛蒜皮的事情大动干戈。但是事实上我们心里都清楚：愤怒之后情况就会有所改变吗？不会。那么，既然生气、发怒也不能改变既定的事实，那何苦要跟自己过不去呢？

很多时候，无法控制的愤怒带来的后果只有一个，就是冲动行事。生活中很多的烦恼抱怨，都源于冲动。很多时候我们觉得自己受了委屈，遭受了不公平的待遇，于是大发雷霆，甚至跟好朋友闹翻，这其实都是冲动惹的祸。很多问题如果我们冷静下来之后再回头看，就会发现原来事情并没有那么严重，而且对方也有对方的苦衷，并非针对我们。所以有智者说：人在愤怒冲动的时候智商为零。确实如此，如果我们能够把这句话牢记于心，相信我们的生活就会少了很多烦恼与抱怨，也能够更好地体谅身边的人。

当然，从心理学的角度而言，偶尔的愤怒并不是件坏事。因为生存以及人际关系压力的缘故，人在生活中不可避免总会遇到一些愤怒的事，如果长期压抑自己，不将愤怒发作出来，将会对自己的心理和行为带来很大的影响，比如打击你的自尊，甚至伤害你的身体，甚至会带来高血压和心脏病。因此，我们要做的不是压抑愤怒压抑自己的冲动，而是找到引发自己愤怒的情绪，在愤怒之前消除这些情绪，从而去掉愤怒带来的消极影响，把引发我们冲动行为的情绪提前化解。所以说，愤怒的情绪也需要管理，是因为我们的生活并不总是尽如人意，总会有些让人挫败甚至想要爆发的瞬间，那么，我们应该如何去管理自己的情绪？如何去化解那些有可能引发冲动行为的情绪呢？

其实，我们只要肯换个想法，换一下视角，就会发现更好的排解愤怒情绪的方法。生活中每个人都会遇到不顺心的事，这些事难免会影响自己的情绪，我们虽然不可能阻止这些事情的发生，但却可以用自己的良好心态去对待、处理这些事情。其中学会体谅他人就是最好的对应方法，它能使人摆脱不良心境的困扰。记得有位哲学家说过，体谅好比是一种心理解脱，你在体谅别人的同时，也就使自己得到了解脱。因此，当工作或生活中遇到不顺心的事情时，在没有了解事情的原委之前，要习惯于体谅他人，不妨先为对方着想一下，为对方找几个得到自己体谅的理由，这样有助于我们保持好心情。体谅作为一种内心的愉悦体验，是我们远离愤怒和抱怨的最佳途径，何乐而不为呢？

总而言之，无法控制的愤怒是最消耗能量的无益举动。不仅是影响自己，甚至会影响到身边所有的人，更危险的是它将大大削弱你的生活积极性和创造性，并给你的心理上带来强大抵触情绪，一不小心你很可能就因为自己的愤怒情绪而影响了别人，因此，一定要把握好自己的情绪，千万别让自己变成愤怒的直接“受害者”和“传播者”，静下心来，认清自己的方向并坚持走下去，将积极的情绪传递到全身各处，而不是让自己愤怒的情绪影响别人，这才是最正确的做法。

曼狄诺定律：随时保持微笑

“曼狄诺定律”又称“微笑定律”，是由美国作家奥格·曼狄诺提出的。这条定律的内涵只有一句话：“微笑可以换取黄金。”曼狄诺认为，微笑是世界上最美的行为语言，虽然无声，但最能打动人；微笑是人际关系中最佳的“润滑剂”，无须解释，就能拉近人们之间的心理距离。

“曼狄诺定律”最初是在人际交往方面被提出来的一条法则，之后便得到了心理学家的普遍认可。加利福尼亚大学心理学教授詹姆斯在通过一系列研究后指出：人们在微笑时，全身的肌肉处于最松弛的状态，而且心理状态也相对稳定，因此，微笑是一种“最正面的情绪表达方式”。

此外，相信每一个人都会有这样的体会：微笑带来的正面情绪具有很强的感染力，当充满笑意的目光与别人的目光相遇时，这种正面情绪会通过“无形的沟通之桥”传递给对方，自然而然地，两个人之间的气氛会变得和谐，相处起来也就融洽多了。

美国前总统富兰克林小时候曾因经常在与同伴的游戏中输牌而难过，他的母亲是一位深谙生活哲学的人，教育他抱怨生活无济于事，应该学会调整心态，保持开阔胸襟，用微笑去面对每一件事。富兰克林从中深受启发，认识到失败和挫折其实也是生活的组成部分，甚至可以看作是帮助自己成长的财富，但是需要正确的心态去面对才能实现这种转化。富兰克林对生活真谛的这份感悟，赋予了他一颗宝贵的平常心，他学会了用微笑去面对这个世界，从而得到了更多的朋友和支持。这也许就是他能够始终微笑面对各种挑战，最终赢得胜利的一个重要原因吧！

生活中，我们常常听到各种各样的抱怨。听得最多的就是："生活对我不公平。"其实生活对于每个人都是如此，总会有这样或那样不公平的事发生，当我们碰到这些障碍和挫折时，应该积极面对。如果我们能够在遇到任何苦难时都做到少一些抱怨，多一些微笑，那么我们生活将会发生翻天覆地的变化，你会发现身边的每一个人都是友好的，都愿意为你伸出双手。

当我们的生活遭遇苦难的时候，如果我们依然用微笑面对，那事情就会朝向好的方向发展，我们的心灵就会得到快乐的感受。人"心"的力量，足以改变外在的环境。人们时时刻刻需要一种发自内心的自我激励，而这种激励，是我们在遭遇困难时候的定心丸。同样的处境、同样的事情，如果你用乐观的态度去对待，就会感到轻松很多；相反，如果你用悲观的态度去对待，就会掉入黑暗的深渊。

古人云："人生不如意事十之八九。"在我们每一个人的工作和生活中，挫折与失意、痛苦与烦恼总是客观存在的，而且会产生这样那样的消极影响。我们是否能够消除这些影响，就在于我们对待生活的心态是否端正。如果总是认为命运不公，整日怨天尤人，那么自己的脸上就会失去笑容，生活就会黯淡无光，甚至在无谓的抱怨中浪费时光。如果保持平常心态，微笑面对生活，用微笑面对身边的人，那么自然会得到更多人的帮助和掌声，很多困难就会迎刃而解，少些抱怨，多些微笑。我们的生活将会变得更美好。

即便跌倒，也不要忘记仰望天空；即便面对苦难，也要微笑地面对。你要相信，当你学着与痛苦共舞，心中向往幸福的时候，那么幸福就离你不远了。